AF331033

ÉCHINIDES FOSSILES

DES

PYRÉNÉES

Bordeaux. — Imp. de F. Degréteau et Cie.

ÉCHINIDES FOSSILES

DES

PYRÉNÉES

Par G. COTTEAU

Membre de la Société géologique de France

EXTRAIT DU CONGRÈS SCIENTIFIQUE DE FRANCE, 28e SESSION, T. III.

PARIS

CHEZ J.-B. BAILLIÈRE

LIBRAIRE-ÉDITEUR

Rue Hautefeuille, 19

BORDEAUX

IMP. ET LIB. MAISON LAFARGUE

CODERC, DEGRÉTEAU ET POUJOL, SUCC.

Rue du Pas St-Georges, 28

1863

ÉCHINIDES

FOSSILES

DES PYRÉNÉES

PARIS. — IMP. SIMON RAÇON ET COMP., RUE D'ERFURTH.

ÉCHINIDES

FOSSILES

DES PYRÉNÉES

PAR

G. COTTEAU

AVEC NEUF PLANCHES

PARIS

F. SAVY, ÉDITEUR

LIBRAIRE DE LA SOCIÉTÉ GÉOLOGIQUE DE FRANCE

24, RUE HAUTEFEUILLE, 24

—

1863

ÉCHINIDES FOSSILES

DES

PYRÉNÉES

En 1856 nous avons fait paraître, dans le *Bulletin de la Société géologique de France*, en collaboration avec M. Leymerie, le *Catalogue des Échinides fossiles des Pyrénées* [1]. Depuis la publication de notre Mémoire, cette partie de la France, intéressante à tant de points de vue, a été l'objet de recherches géologiques importantes. De nombreux Échinides ont été recueillis soit dans le terrain crétacé, soit dans le terrain tertiaire, et le travail que nous offrons aujourd'hui au Congrès, est, sous tous les rapports, beaucoup plus complet que le catalogue de 1856. Non-seulement il renferme une grande quantité d'oursins qui n'avaient pas encore été rencontrés, mais il présente d'utiles renseignements stratigraphiques sur certaines espèces qui nous étaient imparfaitement connues.

[1] *Bull. Soc. géol. de France*, 2º série, t. XIII, p. 519.

Les Échinides des Pyrénées ont fixé depuis longtemps l'attention des naturalistes, et peut-être ne sera-t-il pas sans intérêt de passer rapidement en revue les travaux qui les concernent.

Quelques espèces isolées avaient été mentionnées par Lamarck [1], Defrance, de Blainville [2] et M. Deshayes [3], lorsqu'en 1836, M. de Grateloup publia un mémoire sur les oursins fossiles des environs de Dax [4] ; il décrit soixante-et-une espèces et donne les figures de plusieurs d'entr'elles. Assurément la science, depuis cette époque, a fait de grands progrès ; ce mémoire renferme, au point de vue stratigraphique et zoologique, de nombreuses erreurs que son savant auteur, qui fut si longtemps le doyen des naturalistes de l'Aquitaine, était le premier à reconnaître. A M. de Grateloup néanmoins revient le mérite d'avoir signalé une des localités les plus intéressantes de France, et d'avoir le premier décrit certains types curieux dont les noms spécifiques sont restés dans la méthode.

L'année suivante, M. Ch. Des Moulins fit paraître ses tableaux synonymiques des Échinides [5], œuvre considérable, résultat de longues et patientes recherches, et qui dénote chez l'auteur une connaissance approfondie de l'histoire et de l'organisation des Échinides. Plus de vingt années se sont écoulées depuis la publication de ce travail, et aujourd'hui encore il est consulté avec fruit et se trouve entre les mains de tous ceux qui s'occupent sérieusement de l'étude des Échinides. Les tableaux synonymiques comprennent tous les Échinides connus à l'époque où ils ont paru ; près de

[1] Lamarck, *Animaux sans vertèbres*, t. III, 1816.

[2] Defrance et de Blainville, *Dict. des sc. nat.*, passim, 1816-1830.

[3] Deshayes, *Coquilles caract. des terrains*, 1831.

[4] De Grateloup, *Mém. de géo-zoologie sur les Oursins foss. des env. de Dax*, Actes Soc. Linn. de Bordeaux, t. VIII, 1836.

[5] Des Moulins, *3e mém. sur les Éch., Synonymie génér.*, Soc. Linn. de Bordeaux, t. IX, 1837.

quarante espèces, dont quelques-unes cependant font double emploi, appartiennent à la région pyrénéenne.

En 1840 et en 1846, M. le vicomte d'Archiac publia deux mémoires sur les fossiles nummulitiques de Biarritz [1]. Les Échinides y occupent une large place. Des descriptions minutieuses accompagnées de planches magnifiques appelèrent l'attention sur cette riche localité, si souvent explorée dans ces dernières années. Dix-sept espèces sont décrites dans le premier de ces mémoires et vingt dans le second.

De 1846 à 1847, parut le *Catalogue raisonné des Echinides*, de MM. Agassiz et Desor [2]. Les espèces précédemment publiées sont passées en revue, discutées avec soin, et nous y trouvons, sauf également quelques doubles emplois, environ quarante-cinq espèces provenant de la région qui nous occupe. Dans une note fort intéressante, insérée au Bulletin de la Société géologique de France [3], M. Raulin, prenant pour base le catalogue raisonné de MM. Agassiz et Desor, présente de très-justes observations sur la distribution des espèces dans le terrain crétacé du S.-O., et démontre combien les indications fournies par les Échinides sont utiles pour le classement du terrain à Nummulites des Pyrénées.

M. Leymerie, en 1846, avait publié, dans les *Mémoires de la Société géologique de France*, un travail important sur le terrain à Nummulites des Corbières et de la Montagne-Noire [4]; en 1852, il fit connaître, dans le même recueil, un nouveau type pyrénéen parallèle à la craie proprement dite [5] : l'un et

---

[1] D'Archiac, *Descript. des espèces recueillies par M. Thorent dans les couches à Numm. des env. de Biarritz*, Mém. Soc. géol. de France, 2ᵉ sér., t. II, p. 189, 1840. — Id., *Descript. des foss. du groupe num. recueillis aux env. de Bayonne et de Dax, par MM. Pratt et Delbos*, id, t. III, p. 397, 1846.

[2] Agassiz et Desor, *Catal. rais. des Échin.*, Ann. sc. nat., 3ᵉ série, t. VI, VII, VIII, passim, 1846-47.

[3] Raulin, *Indic. fournies par les Échin. pour le class. du terrain à Nummul.*, Bull. Soc. géol. de Fr., 2ᵉ série, t. V, p. 265, 1855.

[4] *Mémoires Soc. géolog. de France*, 2ᵉ série, t. 1, p. 357.

[5] Id., t. IV, p. 178.

l'autre de ces Mémoires renferment la description et les figures de quelques nouvelles espèces d'Échinodermes.

Vers 1853, d'Orbigny commence, dans la Paléontologie française, la publication des Échinides crétacés, et nous trouvons dans son ouvrage plusieurs espèces des Pyrénées, signalées pour la première fois.

En 1855, M. Delbos publia un Mémoire sur la géologie de l'Adour [1]. Ce travail renferme d'utiles renseignements stratigraphiques sur la distribution de certaines espèces d'Échinides, et une description exacte des falaises de Biarritz.

Le Bulletin de la Société géologique de France contient également, en 1855, sur ces mêmes falaises, une notice détaillée de M. Kœchlin-Schlumberger [2], qui décrit et figure une espèce nouvelle, le *Prenaster Jutieri* (*Brissus* Kœchl.).

En 1856, parut notre Catalogue des Échinides des Pyrénées [3], qui ne comprend pas moins de quatre-vingt-dix-huit espèces réparties dans les terrains jurassique, crétacé et tertiaire, et appartenant à quarante genres différents. Dans cet ensemble vraiment remarquable figurent vingt-six espèces nouvelles presque toutes propres à la région pyrénéenne, et dont quelques-unes constituent des types fort curieux. A la suite de ce Mémoire, plus spécialement zoologique, M. Leymerie publia des considérations géognostiques d'un haut intérêt [4], et fixa la distribution des espèces, non-seulement dans les différentes couches des terrains, mais dans les divers bassins qui semblent partager cette région.

Depuis cette époque, cette partie de la France a été explorée de nouveau et avec le plus grand soin. M. d'Archiac a fait

---

[1] Delbos, *Essai d'une descr. géolog. du bassin de l'Adour*, Mém de la Soc. des Sc. phys. et nat. de Bordeaux , t. I, p. 265, 1855.

[2] Kœchlin-Schlumberger, *Note sur les falaises entre Biarritz et Bidart*, Bull. Soc. géolog. de France, 2e série, t. XII, p. 1255, 1855.

[3] Leymerie et Cotteau , *Catal. des Échin. foss. des Pyrénées*, Bull. de la Soc. géolog. de France, 2e série, t. XIII , p. 319 , 1856.

[4] Leymerie, *Consid. géogn. sur les Échin. des Pyrénées et des contrées voisines de cette chaîne de montagnes*, id. p. 355.

paraître un Mémoire très-beau et très-complet sur la géologie des Corbières [1], et plusieurs espèces d'Échinides crétacés et tertiaires s'y trouvent mentionnées. Nous devons à M. l'abbé Pouech un travail stratigraphique des plus consciencieux sur les terrains inférieurs si peu connus du département de l'Ariége [2]. M. d'Archiac a publié, à l'appui de ce Mémoire, le Catalogue complet des fossiles recueillis par M. l'abbé Pouech, et parmi eux sont cités un assez grand nombre d'Échinïdes [3]. Le Bulletin de la Société géologique de France contient encore deux notes de M. Dumortier, relatives à quelques espèces d'Échinides provenant, les uns, de la Quintaine près Quillan (Aude) [4], les autres, de Vinport près Tercis (Landes) [5], et tout récemment, dans un des derniers numéros, une notice fort intéressante de M. Noguès, notre zélé collègue, sur l'ensemble des couches crétacées de Tercis [6]. Nous avons mis à profit ces divers documents, et lorsqu'il s'est agi de décrire les espèces, les matériaux ne nous ont point manqué. Nous avons visité nous-même quelques-unes des localités les plus fossilifères des Pyrénées, et nous en avons rapporté de nombreux échantillons.

Du reste, nous ne saurions trop nous féliciter de l'empressement avec lequel les Échinides qui pouvaient nous être de quelque utilité, nous ont été communiqués. M. Leymerie nous a adressé toutes les espèces de sa collection que nous désirions étudier de nouveau. M. d'Archiac a bien voulu nous confier

---

[1] D'Archiac, *Les Corbières*, Mém. Soc. géol. de France, 2e série, t. VI, p. 209.

[2] Pouech, *Mém. sur les terr. tert. inf. de l'Ariége*, Bull. Soc géol. de France, 2e série, t. XVI, p. 381, 1859.

[3] D'Archiac, *Note sur les foss. recueillis par M. l'abbé Pouech*, Bull. Soc. géol. de France, 2e série, t. XVI, p. 785, 1859.

[4] Dumortier, *Note sur les Corbières*, Bull. Soc. géol. de France 2e série, t. XVI, p. 870, 1859.

[5] Dumortier, *Note sur le terr. crétacé inf. de Vinport, près Tercis*, Bull. Soc. géol. de France, 2e série, t. XVII, p. 241, 1860.

[6] Noguès, *Note sur le terr. crét. de Tercis*, Bull. Soc. géol. de France, 2e série, t. XVIII, p. 548, 1861, et *Congrès scient.*, t. III, p. 27.

les espèces crétacées ou tertiaires mentionnées dans son ouvrage sur les Corbières. M. l'abbé Pouech nous a fait un envoi considérable, résultat de ses nombreuses recherches dans le département de l'Ariége. M. Pellat qui, dans ces dernières années, a exploré avec tant de soin les riches falaises de Biarritz, nous a communiqué des échantillons fort rares et d'une admirable conservation. M. Michelin, comme toujours, et avec une libéralité dont nous ne saurions être trop reconnaissant, a mis à notre disposition sa magnifique collection; M. Ch. Des Moulins a fait de même pour la sienne; l'École des Mines nous a été ouverte par M. Bayle. MM. Hébert, Raulin, Kœchlin-Schlumberger, Noguès, Delbos, Dumortier se sont également empressés de répondre à notre appel, et si notre travail présente quelqu'intérêt, nous le devons surtout au concours de nos correspondants.

Nous avons pu décrire cent soixante-onze espèces au lieu de quatre-vingt-dix-huit que renfermait notre premier Catalogue. Avec plus de raison encore qu'en 1856, nous pouvons dire que ces Échinides forment un ensemble des plus remarquable, et que beaucoup d'entre eux ont une valeur zoologique réelle. Mêlés à certaines espèces communes, et qui suffisent pour relier ces dépôts à ceux qui se formaient, à la même époque, sur d'autres points de la France, se rencontrent un grand nombre de types qu'on n'avait encore signalés nulle part, et qui méritent à un haut point de fixer l'attention des naturalistes.

Nous citerons, dans le terrain crétacé, notre genre *Micropsis*, qui compte trois espèces, dont deux, les *M. Desori* et *Leymeriei*, caractérisent ces petits dépôts crétacés si curieux intercalés, d'après M. Leymerie, dans le terrain nummulitique, et désignés sous le nom de *Colonies*; le genre *Temnocidaris*, que distinguent les impressions nombreuses, subcirculaires, dont sa surface est partout marquée, est représenté, dans la craie de Saint-Gaudens, par une superbe espèce (*T. magnifica*), que nous a tout récemment communiquée M. l'abbé Pouech; l'*Echinoconus gigas*, si remarquable par les grandes proportions de son test ; l'*Echinoconus Tercensis*, que sa forme déprimée et ses zones porifères, peu apparentes, rapprochent, au premier aspect, des *Caratomus ;* le genre *Isaster,* spécial à la craie de Tercis, et qui diffère des *Epiaster* de d'Orbigny par l'absence de sillon antérieur et la position infrà-marginale du périprocte ; le genre *Cyclaster,* que M. Desor voudrait réunir aux *Brissopsis,* mais qui, suivant nous, s'en sépare très-nettement, et par des caractères dont on ne saurait contester la valeur. Indépendamment de l'espèce nummulitique qui a servi de type au genre, nous en signalons deux autres recueillies par MM. Noguès et Gosselet, dans la craie blanche de Tercis ; l'une d'elles avait été imparfaitement figurée par M. de Grateloup, sous le nom de *Spatangus pyriformis,* et nous lui avons conservé cette dénomination spécifique.

Le terrain tertiaire inférieur, et notamment le terrain nummulitique, si abondant en espèces, nous a offert également un grand nombre de types intéressants : c'est d'abord l'*Echinus Leymeriéi,* dont la taille est énorme, et qui présente, dans l'arrangement de ses pores ambulacraires, une disposition toute particulière ; c'est l'*Hebertia Meridanensis,* qui rappelle l'espèce du bassin de Paris, figurée par M. Michelin, mais qui nous a paru, cependant, constituer une espèce distincte ; c'est le radiole du *Porocidaris serrata,* dont on connaissait seulement quelques fragments, et que nous avons pu étudier dans tous ses détails, grâce à l'exemplaire si parfait que M. Pellat nous a envoyé ; c'est le *Salenia Pellati,* c'est le *Pyrina Raulini,* derniers représentants, l'un et l'autre, de deux familles qu'on avait considérées jusqu'ici comme ne s'élevant pas au-dessus des couches supérieures du terrain crétacé ; c'est le *Scutella sub-tetragona,* décrit et figuré pour la première fois par M. de Grateloup, attribué à tort, pendant longtemps, au terrain tertiaire miocène, et dont le gisement nummulitique, signalé en 1855 par notre collègue M. Delbos, est aujourd'hui établi d'une manière incontestable ; c'est l'*Amblypygus Michelini,* aux zones porifères étroites, au périprocte petit et infra-marginal; ce sont tous ces énormes *Conoclypeus*, les uns, des environs de Dax, les autres, de la Haute-Garonne, de l'Aude et de l'Ariége; c'est le *Macropneustes Pellati*, qui se distingue si nettement de ses congénères par sa forme bizarre, sub-conique en avant, déclive sur les côtés, brusquement tronquée et un peu rentrante en arrière; c'est le *Prenaster Jutieri*, dont nous avons pu étudier, dans tous ses détails, l'appareil apicial, voisin de celui des *Brissus* par sa forme et la disposition de ses plaques; c'est enfin, notre *Brissopatagus Caumonti*, sans contredit, le plus rare et le plus étrange des Échinides de la faune pyrénéenne, type intermédiaire entre les *Brissus* et les *Eupatagus*, et que distinguera toujours facilement la forme anormale et toute particulière de ses ambulacres pairs.

Non-seulement toutes ces espèces et beaucoup d'autres encore, crétacées ou tertiaires, sont spéciales à la région; mais ces mêmes espèces, notamment celles qui appartiennent à la période nummulitique, se cantonnent et se groupent dans des bassins distincts. Aussi, les Échinides de l'Aude, de l'Ariége et de la Haute-Garonne, ne sont point ceux des Landes, et ceux des Landes sont encore moins ceux de Biarritz.

Cette dernière localité mérite assurément une attention particulière. Sur aucun point du globe, et à aucune époque, les Échinides ne se sont développés avec autant de profusion et de variété : dix-sept espèces sont venues s'ajouter à celles que nous connaissions en 1856. Nous avons aujourd'hui quarante-trois espèces d'Oursins réparties en vingt-trois genres, recueillies dans cette seule localité, sur un espace de deux kilomètres à peine; et tout nous fait présumer que ces hautes falaises, incessamment battues et minées par les vagues, laisseront découvrir encore de nouvelles espèces.

C'est à Biarritz, au rocher du Goulet, que nous avons rencontré le *Brissopatagus Caumonti*. Ce genre bizarre ne contient encore que deux espèces, celle de Biarritz, et une autre appartenant au terrain tertiaire inférieur de l'île de Java, *Bris-*

sopatagus Javanicus [1] ; l'une et l'autre sont fort rares et représentées par des exemplaires uniques. N'est-il pas curieux de voir ce genre , si différent de tous ceux qui l'accompagnent, se développer en même temps et à des distances aussi éloignées ?

Dans le travail qui va suivre, nous avons adopté, pour l'énumération et la description des espèces , un ordre à la fois stratigraphique et zoologique ; c'est-à-dire que nous avons divisé notre Mémoire en quatre parties bien distinctes : la première est de beaucoup la plus courte, car elle ne renferme que deux espèces du terrain jurassique ; la seconde comprend les Échinides crétacés ; la troisième, les Échinides tertiaires ; la quatrième est réservée à un résumé général et stratigraphique.

En ce qui touche les espèces crétacées nouvelles, nous nous bornerons à en donner de courtes descriptions ; elles sont destinées à être figurées, dans la Paléontologie française, soit dans le volume en cours de publication, soit dans le supplément. Nous avons préféré nous étendre sur les espèces tertiaires, qui ne seront comprises que beaucoup plus tard dans la Paléontologie française, et c'est seulement parmi ces dernières que nous avons choisi les types figurés dans nos planches.

Il nous a paru inutile de reproduire, dans un travail de cette nature, la longue synonymie des espèces ; c'eût été élargir considérablement notre cadre, sans grand profit pour la science ; nous avons préféré restreindre cette synonymie aux travaux qui sont relatifs aux Pyrénées, écartant ainsi la plupart des ouvrages généraux, ou ceux qui mentionnent l'espèce lorsqu'elle a été recueillie dans des contrées différentes de celle qui nous occupe.

[1] Herklotz, *Fossiles de Java*, *Échinodermes*, p. 15, pl. III, fig. 2, 1854.

I. TERRAIN JURASSIQUE

Genre RHABDOCIDARIS, Desor, 1855.

Test ordinairement de grande taille, circulaire, renflé, plus ou moins élevé; pores simples, ovales, unis par un sillon sub-flexueux, et séparés par un petit bourrelet transversal; tubercules interambulacraires très-gros, tantôt fortement crénelés, tantôt lisses, entourés d'un scrobicule toujours peu déprimé, souvent elliptique; zone miliaire large, granuleuse; péristome sub-circulaire.

Radioles robustes, épais, allongés, cylindriques, prismatiques ou comprimés, garnis de dentelures ou d'épines saillantes; bouton très-gros; facette articulaire marquée de profondes crénelures, quelquefois lisse.

Le genre *Rhabdocidaris,* caractérisé surtout par la structure de ses pores ambulacraires, comprend des espèces jurassiques, crétacées et tertiaires.

1. RHABDOCIDARIS MORALDINA, Desor, 1854. (*Cidaris*, Cott. 1849).

    Rh. Moraldina, Leymerie et Cotteau, *Catal. des Éch. foss. des Pyrénées,* Bull. Soc. géol. de France, 2ᵉ série, t. XIII, p. 322, 1856. — *Cidaris Moreanus,* d'Archiac, *Hist. des prog. de la géol.,* t. VI, 1ʳᵉ part., p. 546, 1856.

    Localité. — Aspet (Haute-Garonne.) R. Lias. Collect. Leymerie.

    Loc. avtres que les Pyrénées.— Avallon (Yonne); Asnières (Sarthe); Ilminster (Sommersetshire).

2. RHABDOCIDARIS NOBILIS, Desor, 1854. (*Cidaris*, Munster, 1826).

> *Rh. nobilis*, Leymerie et Cotteau , *loc. cit.*, p. 323.
> — *Cidaris nobilis*, d'Archiac, *Hist. des progrès de la géolog.*, t. VI, 1re part. , p. 544 et 546 , 1856.

Localité. — Riaucazé , entre Encausse et Saint-Gaudens (Haute - Garonne.) R. Terrain jurassique moyen ; collect. Leymerie.

Loc. autres que les Pyrénées. — Angoulin (Charente-Inférieure) ; Chatelcensoir (Yonne); Bayreuth , Randen ; jura blanc du Wurtemberg.

II. TERRAIN CRÉTACÉ

Ier Genre. CODECHINUS, DESOR , 1856.

Test de taille moyenne, renflé, globuleux ; zones porifères larges ; pores disposés par triples paires à peine obliques ; tubercules ambulacraires et inter-ambulacraires imperforés, non crénelés, petits, homogènes, épars, beaucoup plus abondants aux approches du péristome qu'à la face supérieure ; plaques coronales nombreuses, allongées, très-granuleuses ; péristome médiocrement développé , circulaire, sub-pentagonal, marqué de faibles entailles,

Radioles inconnus.

Le genre *Codechinus* est spécial, jusqu'ici, au terrain crétacé inférieur, et ne renferme qu'un très-petit nombre d'espèces.

1. CODECHINUS TALLAVIGNESI , Cotteau, 1856.

> *Cod. Tallavignesi*, Leym. et Cott., *loc. sup. cit.*, p. 327, 1856.

Ce n'est pas sans quelque doute que nous laissons cette espèce dans le terrain crétacé inférieur où nous l'avons placée en 1856 ; nous sommes loin d'avoir la certitude que l'exemplaire recueilli dans l'Aude, par M. Tallavignes, et qui a servi de type à l'espèce, provienne des environs de La Clape. — Depuis 1856, cinq nouveaux individus ont été rencontrés en dehors de la région pyrénéenne. Les deux premiers appartiennent à MM. Kœchlin-Schlumberger et Reynès, et ont été trouvés aux environs de Castellane, et nous ont été communiqués sans indications stratigraphiques. Les trois autres, remarquables par leur grande taille et leur magnifique conservation, ont été recueillis en Espagne. Deux d'entre eux appartiennent à M. de Verneuil ; le troisième fait partie de la collection d'Orbigny (Musée de Paris). Ces échantillons sont indiqués comme d'origine nummulitique.

Localité. — La Clape (Aude). R. Étage aptien ou néocomien sup. ?? — Coll. Deshayes (Tallavignes).

Loc. autres que les Pyrénées. — Environs de Castellane (Basses-Alpes) ; Barème (Var) ; Espagne (de Verneuil, Musée de Paris).

IIme Genre. PEDINOPSIS, Cotteau, 1863.

Test de taille moyenne, circulaire, renflé, quelquefois sub-conique ; zones porifères larges ; pores ambulacraires disposés par doubles paires, formant, à la face supérieure et vers l'ambitus, deux rangées distinctes qui tendent à se confondre en une seule dans la région infra-marginale ; aires ambulacraires et inter-ambulacraires garnies de tubercules de petite taille, finement crénelés et perforés, rangés en séries régulières dont le nombre diminue au fur et à mesure qu'elles se rapprochent du sommet ; plaques coronales longues, étroites, peu granuleuses ; péristome médiocrement développé, marqué de faibles entailles.

Radioles inconnus.

Nous ne connaissons de ce genre qu'une seule espèce ; elle appartient au terrain crétacé inférieur du midi de la France.

2. PEDINOPSIS MERIDANENSIS, Cotteau, 1863.

Espèce de taille moyenne, sub-circulaire, renflée, sub-conique en dessus, presque plane en dessous. Zones porifères larges, à fleur du test, composées à la face supérieure et vers l'ambitus, de deux rangées parfaitement régulières de paires de pores; dans la région infra-marginale, l'une des rangées tend à s'atrophier, mais elle reparaît bientôt près du péristome. Aires ambulacraires et inter-ambulacraires garnies de tubercules de petite taille, finement crénelés et perforés, formant vers l'ambitus quatre rangées régulières sur les ambulacres, et dix sur les inter-ambulacres; à la face supérieure, les rangées intermédiaires disparaissent, et deux seulement, sur chacune des aires, persistent jusqu'au sommet; granules inégaux, peu abondants, espacés. Péristome sub-concave, médiocrement développé.

Rapports et différences. — Cette espèce constitue un type parfaitement tranché, et l'ensemble de ses caractères nous a engagé à en faire un genre particulier que nous désignons sous le nom de *Pedinopsis*. La disposition de ses pores rappelle, au premier aspect, celle des *Salmacis*, mais cette ressemblance est plus apparente que réelle : les deux rangées de pores sont beaucoup plus régulières chez les *Pedinopsis*, que caractérisent en outre leurs tubercules toujours finement perforés, tandis qu'ils sont entièrement lisses dans les *Salmacis*.

Localité. — Aude. Rare. Terrain crétacé inférieur (néocomien ?..). Ma collection.

Loc. autres que les Pyrénées. — Caussols (Var).

IIIme Genre. MICROPSIS, COTTEAU, 1856.

Test de taille moyenne, circulaire, plus ou moins renflé. Zones porifères étroites; pores ambulacraires disposés par simples paires, montrant cependant une tendance plus ou moins prononcée à dévier de la ligne droite et à se grouper

2

par paires multiples. Tubercules ambulacraires et intcram-
bulacraires de petite taille, finement crénelés, mais non perforés, disposés en série verticales plus ou moins régulières.
Péristome médiocrement développé, marqué d'entailles peu
apparentes.

Radioles inconnus.

Le genre *Micropsis* paraît propre jusqu'ici à la région
pyrénéenne ; il se rencontre à la fois dans le terrain crétacé
et dans le terrain tertiaire inférieur.

3. MICROPSIS DESORI, Cotteau, 1856.

> *Microps. Desori*, Leym. et Cotteau, *loc. sup. cit.*,
> p. 326, 1856.

Localité. — Marsoulas (Haute-Garonne). Très-rare. Colonie
crétacée dans le terrain tertiaire inférieur (M. Leymerie.)
Coll. Leymerie.

4. MICROPSIS LEYMERIEI, Cotteau, 1863. (*Echinopsis*, Cotteau, 1856.)

> *Echin. Leymeriei*, Leym. et Cott., *loc. sup. cit.*, p. 326,
> 1856.

En décrivant cette espèce, nous ne l'avions placée qu'avec
doute dans le genre *Echinopsis*. Un nouvel examen des exemplaires assez nombreux que nous a communiqués M. Leymerie, nous a démontré que les tubercules de cette espèce
n'étaient point perforés, et qu'elle rentrait, par tous ses
caractères, dans notre genre *Micropsis*, à côté du *M. Desori,*
dont elle diffère par sa taille moins forte, et ses tubercules
ambulacraires et inter-ambulacraires infiniment moins nombreux et tout autrement disposés. Les individus jeunes présentent, au premier aspect, beaucoup de ressemblance avec
l'*Hebertia Parisiensis* du terrain éocène moyen des environs
de Paris ; ils s'en distinguent, cependant, par leur aire inter-
ambulacraire moins nue et moins déprimée au milieu, par
leurs tubercules moins nombreux, moins serrés et non per-

forés ; ce dernier caractère est la seule différence importante
qui sépare les deux espèces.

Localités. — Marsoulas, Belbèze (Haute-Garonne). Assez
abondant. Colonie crétacée dans le terrain tertiaire inférieur
(M. Leymerie). — Collection Leymerie; ma collection.

5. MICROPSIS MICROSTOMA, Cotteau, 1863. (*Echinus,* Cotteau,
    1856.)

    Echinus microstoma , Leym. et Cott., *loc. cit.*, p. 327,
    1856.

Nous nous sommes assuré que les tubercules de cette
espèce, que nous avons considérés, en 1856, comme non
crénelés, présentaient certainement quelques traces de crénelures, et nous n'avons pas hésité à la placer, avec les précédentes, parmi les *Micropsis.* Peut-être même devrait-elle
être réunie aux exemplaires de grande taille du *Micr. Leymeriei,* dont elle offre la physionomie. Cependant, sa face supérieure est plus déprimée, son péristome un peu plus enfoncé,
ses tubercules plus gros, plus espacés et formant, au milieu
des aires inter-ambulacraires, vers l'ambitus, entre les tubercules principaux, deux rangées plus distinctes.

Localité. — Bouzin (Haute-Garonne). Très-rare. Terrain
crétacé. — Collection Leymerie.

IVme Genre. GONIOPYGUS, Agassiz, 1838.

Test de petite et moyenne taille, circulaire, sub-conique.
Pores disposés par simples paires ; tubercules inter-ambulacraires plus gros et moins serrés que ceux qui garnissent les
ambulacres, les uns et les autres imperforés et non crénelés ;
tubercules secondaires nuls ; granules peu abondants. Péristome très-grand , sans entailles profondes ; périprocte sub-
circulaire, quelquefois carré, le plus souvent sub-triangulaire.
Appareil apicial largement développé, solide, saillant au-
dessus du test, tantôt lisse, tantôt marqué de stries rayon-

nantes plus ou moins profondes; pores oviducaux s'ouvrant à l'extrémité externe des plaques génitales, et en partie recouverts par l'angle de ces plaques, sous lesquelles ils plongent obliquement.

Radioles courts, cylindriques, acuminés au sommet, marqués sur la tige de carènes assez prononcées.

Le genre *Goniopygus* caractérise la formation crétacée, et renferme un assez grand nombre d'espèces : une seule a été recueillie dans la région qui nous occupe.

6. Goniopygus Noguesi, Cotteau, 1863.

Il ne nous a pas été possible de rapporter cette petite espèce à aucune de celles que nous connaissons. Voisine des *Goniopygus peltatus* du terrain néocomien, *Delphinensis* de l'étage aptien, et *Menardi* de l'étage cénomanien, elle diffère du premier par son appareil apicial lisse, à sutures droites, non persillées sur les bords; du second, par son appareil apicial plus étendu, son périprocte plus petit et plus arrondi, ses ambulacres presque entièrement dépourvus de granules intermédiaires; du troisième, par son périprocte moins régulièrement triangulaire, et ses tubercules ambulacraires moins développés vers l'ambitus. De ces trois espèces, c'est du *G. Delphinensis* qu'elle se rapproche le plus; nous avons cru devoir, cependant, en faire une espèce distincte que nous sommes heureux de dédier à M. Noguès, qui nous a communiqué avec tant d'obligeance tous les Echinides qu'il a recueillis dans les Pyrénées.

Associés au *G. Noguesi*, se rencontrent de petits radioles à facette articulaire non crénelée, allongés, cylindriques, très-légèrement ovoïdes, marqués de petites côtes carénées d'autant plus apparentes qu'elles se rapprochent du sommet, qui est toujours sub-acuminé. Voisins des radioles attribués par Albin Gras au *G. Delphinensis* [1], ils s'en distinguent par

---

[1] A. Gras, *Oursins, foss. de l'Isère,* p. 31, pl. III, fig. 8.

leur forme un peu moins renflée, et les côtes plus apparentes et plus granuleuses qui marquent la surface.

Localité. — Vinport, près Dax (Landes). Très-rare. Terrain crétacé inférieur. — Coll. Noguès, Raulin.

Vme Genre. HEMIPEDINA, Wright, 1855.

Test de taille très-variable, sub-circulaire, plus ou moins renflé. Pores disposés par simples paires. Tubercules perforés et non crénelés, tantôt petits et serrés, tantôt plus gros et espacés, formant sur les aires inter-ambulacraires, deux, quatre et même six rangées plus ou moins distinctes. Péristome assez grand, décagonal, fortement entaillé. Appareil apical largement développé, sub-granuleux, à fleur du test.

Radioles ordinairement allongés, grêles, cylindriques, ornés de stries fines et longitudinales.

Le genre *Hemipedina* a été établi, en 1855, par M. Wright, pour recevoir un certain nombre d'espèces confondues jusque là avec les *Pseudodiadema*, et qui en diffèrent par leurs tubercules dépourvus de crénelures. Cette coupe générique qui, dans l'origine, ne comprenait qu'une dizaine d'espèces, en renferme aujourd'hui un nombre beaucoup plus considérable. On a cru devoir y réunir successivement toutes les espèces de Diadematidées à tubercules perforés et non crénelés, quels que soient leur taille, la forme de leurs ambulacres, le nombre et la disposition des tubercules; aussi, le genre *Hemipedina* renferme-t-il les types les plus disparates, et lorsque nous aurons à nous occuper, pour la *Paléontologie française*, de la famille des Diadematidées et des divers genres dont elle se compose, nous n'hésiterons pas à introduire dans le genre *Hemipedina*, tel qu'il est aujourd'hui adopté, plusieurs subdivisions, et l'une d'elles, parfaitement caractérisée par ses tubercules petits et homogènes, son test chagriné, ses plaques ambulacraires toujours droites et régulières, aura pour type l'*Hemipedina miliaris*, la seule espèce que l'on rencontre dans les Pyrénées.

7. **Hemipedina miliaris**, Cotteau, 1860. (*Diadema*; Des M., 1837.)

> *Diadema Kleinii*, Des M., *Études sur les Échinides*, p. 314, n° 15, 1837. — *Pseudod. Kleinii*, Leym. et Cott., *loc. cit.*, p. 323, 1856. — *Cidaris Kleinii*, d'Archiac, *les Corbières*, Mém. Soc. géol. de France, 2° série, t. VI, p. 361, 1859.

En étudiant cette espèce, dans nos *Echinides de la Sarthe*, nous nous sommes assuré que tous ses tubercules étaient dépourvus de crénelures, et qu'elle appartenait, en raison de ce caractère, au genre *Hemipedina*, de M. Wright. — Nous lui avons restitué la dénomination de *miliaris*, sous laquelle M. d'Archiac l'a figurée, dans les Mémoires de la Société géologique de France, deux années avant que M. Des Moulins ne lui attribuât le nom de *Kleinii*.

Localités. — Soulatge, Bugarach (Aude). Assez rare. Étage crétacé supérieur. — Coll. Michelin, Dumortier, ma coll.

Loc. autres que les Pyrénées. — Saint-Fraimbault, Marçon, Saint-Paterne (Sarthe); Villedieu, Villiers, Limeray (Loir-et-Cher); Aubeterre, Lavalette (Charente); Cognac, Talmont, Saint-Georges, Royan (Charente-Inférieure.); Périgueux (Dordogne); Gourdon (Lot); Les Martigues (Bouches-du-Rhône); Maëstricht (Hollande). Étage sénonien. — Bousse (Sarthe). Étage turonien.

VIme Genre. CYPHOSOMA, Agassiz, 1840.

Test de taille très-variable, sub-circulaire, déprimé en dessus et en dessous. Pores disposés par simples paires, souvent bigéminées aux approches du sommet. Tubercules crénelés et imperforés, plus ou moins développés, à-peu-près d'égale grosseur sur les aires ambulacraires et inter-ambulacraires. Péristome assez grand, décagonal, médiocrement entaillé. Appareil apicial peu solide, pentagonal et largement développé, à en juger par l'ouverture qu'il a laissée.

Radioles allongés, cylindriques, quelquefois aplatis, garnis de stries fines et longitudinales.

Le genre *Cyphosoma* commence à se montrer avec les couches inférieures du terrain crétacé, et atteint son maximum de développement dans l'étage sénonien ; il persiste jusque dans le terrain tertiaire, et nous en retrouvons quelques espèces dans les couches nummulitiques.

8. CYPHOSOMA AQUITANICUM, Cotteau, 1863.

Espèce de petite taille, déprimée en dessus et en dessous. Zones porifères non dédoublées près du sommet, sub-onduleuses ; ambulacres larges. Tubercules ambulacraires et inter-ambulacraires à-peu-près d'égale dimension, espacés, fortement mamelonnés, finement crénelés, formant deux rangées sur chacune des aires ; tubercules secondaires nuls, réduits à quelques petits granules qui se montrent à la face inférieure, sur le bord des zones porifères ; granules intermédiaires peu abondants, surtout au-dessus de l'ambitus. Péristome légèrement enfoncé.

Voisine du *Cyphos. Neocomiense,* cette espèce s'en distingue par sa face supérieure plus déprimée, son péristome plus enfoncé, ses tubercules moins nombreux et plus espacés.

Localité. — Vinport (Landes). Très-rare. Terrain crétacé inférieur. — Coll. Dumortier.

9. CYPHOSOMA MERIDANENSE, Cotteau, 1863.

Espèce de taille moyenne, renflée en dessus, presque plane en dessous. Zones porifères dédoublées à la face supérieure, sub-onduleuses à l'ambitus. Tubercules ambulacraires et inter-ambulacraires à-peu-près de même taille, serrés, nombreux, fortement mamelonnés ; tubercules secondaires nuls, réduits à deux petites rangées irrégulières placées sur le bord externe des aires inter-ambulacraires ; zone miliaire large, déprimée surtout à la face supérieure, occupée par des granules inégaux, épars, irrégulièrement disposés.

Localité. — La Clape (Aude). Très-rare. Terrain crétacé inférieur. — Ma collection.

10. CYPHOSOMA ARCHIACI, Cotteau, 1863.

Espèce de grande taille, sub-circulaire, renflée et sub-conique en dessus, presque plane en dessous. Zones porifères droites, dédoublées à la face supérieure. Tubercules ambulacraires et inter-ambulacraires serrés, nombreux, à-peu-près de même taille, augmentant sensiblement de volume dans la région infra-marginale; tubercules secondaires abondants, formant à l'ambitus, dans les individus de grande taille, deux rangées assez régulières sur le côté externe des tubercules principaux; zone miliaire large, granuleuse, apparente en dessous, et se prolongeant jusqu'au péristome.

Cette espèce se rapproche du *Cyph. sulcatum;* elle s'en éloigne, cependant, par ses tubercules principaux moins fortement scrobiculés à la face inférieure, ses tubercules secondaires plus nombreux et plus développés, sa zone miliaire plus large surtout au-dessus de l'ambitus, son péristome s'ouvrant à fleur du test.

Localités. — Soulatge, Quillan (Aude). Assez rare. Terrain crétacé supérieur.

11. CYPHOSOMA PERFECTUM, Agassiz, 1840.

> *Cyph. perfectum,* Cott. et Triger, *Ech. de la Sarthe,* p. 261, pl. XLII, fig. 13-16, 1860.

L'échantillon que nous rapportons au *Cyph. perfectum* s'éloigne un peu du type par sa taille plus forte, ses pores dédoublés près du sommet et son péristome relativement plus étroit; ces différences cependant ne nous ont pas paru suffisantes pour établir une espèce distincte.

Localité. — Rivière près Dax (Landes). Très-rare. Terr. crétacé sup. — Coll. Delbos.

Loc. autres que les Pyrénées. — Craie blanche des environs de La Flèche.

12. CYPHOSOMA DELAUNAYI, Cotteau, 1860.

> *Cyph. Delaunayi*, Cott. et Triger, *Éch. de la Sarthe*,
> p. 262, pl. XLIII, fig. 6-9, 1860.

Le *Cyph. Delaunayi* décrit et figuré pour la première fois dans nos *Echin. de la Sarthe* se distingue de ses congénères par ses tubercules ambulacraires et inter-ambulacraires serrés, saillants et fortement développés, même aux approches du sommet. Nous avons cru devoir lui réunir trois échantillons de la craie de Villagrains que nous a communiqués M. Delbos.

Localité. — Villagrains (Gironde). Rare. Craie sup. — Coll. Delbos.

Loc. autres que les Pyrénées. — Villedieu (Loir-et-Cher); Limeray, Semblancay (Indre-et-Loire.) Étage sénonien.

13. CYPHOSOMA MAGNIFICUM, Agassiz, 1840.

> *Cyph. magnificum*, Desor, *Synops. des Échin. foss.*,
> p. 88, 1855.

Abondamment répandu dans la craie du S.-O., le *Cyph. magnificum* forme un type remarquable par sa taille largement développée, ses tubercules assez gros vers l'ambitus et diminuant rapidement de volume à la face supérieure. L'exemplaire des Pyrénées que nous avons sous les yeux est absolument semblable aux échantillons les mieux caractérisés de Meschers ou de Royan.

Localité. — Belbèze (Haute-Garonne). Très-rare. Colonie crétacée (M. Leymerie.) — Coll. Leymerie.

Loc. autres que les Pyrénées. — Royan, Meschers, Saintes (Charente-Infér.), Lavalette (Charente); Saint-Georges, près Périgueux (Dordogne). Abondant. Étage sénonien.

VIIme Genre. PSEUDODIADEMA, DESOR, 1855.

Test de taille très-variable, circulaire, sub-pentagonal, plus ou moins déprimé. Pores disposés par simples paires, quelquefois bigéminées aux approches du sommet. Tubercules crénelés et perforés, plus ou moins développés, à-peuprès d'égale grosseur sur les deux aires, formant dans les aires inter-ambulacraires, tantôt deux rangées, tantôt quatre, et même six, accompagnées ou non de tubercules secondaires. Péristome assez grand, décagonal, marqué d'entailles profondes. Appareil apicial peu solide, largement développé, sub-pentagonal.

Radioles cylindriques ou comprimés, le plus souvent aciculés, garnis de stries fines et longitudinales, quelquefois de granules.

Le genre *Pseudodiadema* a été séparé avec beaucoup de raison des *Diadema* de Lamarck qui sont de grands oursins vivant aujourd'hui dans les mers chaudes, et remarquables surtout par leurs radioles verticellés. Très-abondant dans toute la série des étages jurassiques et dans les couches inférieures du terrain crétacé, le genre *Pseudodiadema* disparaît dans la craie supérieure, et c'est à peine si quelques rares espèces ont été signalées dans le terrain tertiaire.

14. Pseudodiadema malbosii, Cotteau, 1863. (*Diadema,* Ag. 1846.)

> *Diplopodia Malbosii*, Leym. et Cott., *loc. cit.*, p. 324. 1856. — *Id.*, d'Archiac, *Les Corbières*, Mém. Soc. géol. de France, 2ᵉ sér., t. VI, p. 384 et 385, 1859.

Nous avons retranché de la méthode le genre *Diplopodia* : le seul caractère sur lequel il est établi, le dédoublement des pores à la face supérieure, n'a pas la valeur qu'on a voulu lui donner, et se modifie non-seulement dans des types très-voisins l'un de l'autre, mais quelquefois aussi dans les individus d'une même espèce. — M. Desor nous a écrit dernièrement qu'il partageait entièrement notre manière de voir à ce sujet.

Localité. — La Clape (Aude). Abondant. Terrain crétacé inf.; coll. Leymerie, d'Archiac, Michelin, Marcel de Serres, Deshayes, Triger, Noguès, Dumortier, ma collection.

15. Pseudodiadema Trigeri, Cotteau, 1860.

Pseud. Trigeri, Cott., *Échin. nouv. ou peu connus,*
1re partie, p. 39, pl. VI, fig. 8-10, 1860.
Mod. en plâtre : C. 4.

Localité. — La Clape (Aude). Rare. Étage crétacé infér. —
Coll. d'Archiac, Triger.

VIIIme Genre. TEMNOCIDARIS, Cotteau, 1863.

Test de grande taille, circulaire, plus ou moins renflé.
Zones porifères sub-flexueuses, déprimées, composées comme
dans les *Rhabdocidaris,* de pores unis par un sillon et séparés
par un petit bourrelet transversal. Aires ambulacraires garnies de granules fins, serrés, abondants, épars, et marquées
çà et là, dans toute leur étendue, d'impressions sub-circulaires lisses et assez profondes. Tubercules inter-ambulacraires
très-gros, perforés et non crénelés, largement scrobiculés et
rangés en deux séries ; l'espace intermédiaire est recouvert
de granules serrés, inégaux et présente en outre des impressions lisses et sub-circulaires, plus ou moins espacées,
identiques à celles qui existent dans les ambulacres. Péristome
sub-pentagonal, médiocrement développé. Appareil apicial
plus grand que le péristome.

Radioles principaux inconnus.

Le genre *Temnocidaris* caractérise le terrain crétacé supérieur et renferme jusqu'ici un petit nombre d'espèces ; une
seule a été rencontrée dans les Pyrénées.

16. Temnocidaris magnifica, Cotteau, 1863.

Espèce de très-grande taille, sub-circulaire, médiocrement
renflée en dessus, légèrement rentrante en dessous. Zones
porifères sub-onduleuses, déprimées, formées de pores ovales, entourés, comme dans les *Rhabdocidaris,* d'un bourrelet
flexueux. Ambulacres étroits, garnis de chaque côté, sur le
bord des zones porifères, d'une rangée de granules serrés et
mamelonnés ; l'intervalle qui sépare ces rangées est rempli

par un grand nombre de verrues fines, serrées, inégales, éparses, au milieu desquelles s'ouvrent çà et là, dans toute l'étendue de l'ambulacre, des impressions sub-circulaires, lisses, assez profondes, disposés en deux séries très-irrégulières. Tubercules inter-ambulacraires très-gros, perforés et non crénelés, d'autant plus espacés qu'ils se rapprochent du sommet, au nombre de huit à neuf par série. Espace intermédiaire abondamment couvert, dans la zone miliaire et sur le bord interne des inter-ambulacres, de granules serrés, inégaux, séparés par de petits sillons horizontaux très-irréguliers, et présentant en outre des impressions lisses, sub-circulaires, très-apparentes et identiques à celles qui garnissent les ambulacres. Appareil apicial de forme pentagonale. Péristome un peu arrondi, médiocrement développé.

Quelques-uns des petits radioles qui recouvrent les granules ambulacraires sont restés adhérents au test : leur tige est allongée, sub-cylindrique, marquée de stries fines et longitudinales.

Cette espèce est un des oursins crétacés les plus curieux que nous connaissons : les impressions sub-circulaires et les sillons inégaux dont sa surface est marquée lui donnent une physionomie particulière; aussi n'avons-nous pas hésité à y voir le type d'un nouveau genre.

Localité. — Aurillac (Haute-Garonne). Très-rare. Étage sénonien. — Coll. de M. l'abbé Pouech.

IXme Genre. RHABDOCIDARIS, Desor, 1854.

Le genre *Rhabdocidaris* a déjà été décrit pour les *Oursins jurassiques*, p. 174. Il m'a paru inutile de reproduire à cette description.

17. RHABDOCIDARIS TOURNALI, Desor, 1854.

> *Rhabd. Tournali,* Desor, *Synops. des Éch. foss.,* p. 42, 1854.—*Id.*, Leym. et Cott., *loc. sup. cit.*, p. 323, 1856.

Localité. — La Clape (Aude). Très-rare. Terrain crétacé inf. — Coll. Michelin, Deshayes (Tallavignes.)

18. Rhabdocidaris Noguesi, Cotteau, 1863.

Radiole épais, allongé (?), sub-cylindrique, un peu comprimé, garni de granules délicats, serrés, homogènes, tantôt épars, tantôt disposés en séries linéaires, recouvert en outre de stries fines, régulières, longitudinales, visibles seulement à la loupe. La tige est brusquement étranglée vers la base et présente, au lieu de granules, de petites côtes atténuées. Collerette nulle.

Nous ne possédons de ce radiole qu'un fragment incomplet recueilli par M. Noguès : sa forme et la disposition de ses granules le distinguent des espèces que nous connaissons et nous ont engagé à le placer parmi les *Rhabdocidaris*.

Localité. — Bains-de-Rennes (Aude). Très-rare. Terrain crétacé sup. — Ma collection.

Xme Genre. CIDARIS, Klein, 1734.

Test de taille variable, sub-circulaire, plus ou moins élevé déprimé en dessus et en dessous. Zones porifères sub-flexueuses, composées de pores simples, arrondis, presque toujours séparés par un petit renflement granuliforme. Aires ambulacraires étroites, sub-flexueuses, garnies de plusieurs rangées de granules. Tubercules inter-ambulacraires largement développés, scrobiculés, perforés ou imperforés, à base lisse ou crénelée, formant deux rangées dans chacune des aires. Péristome sub-circulaire, sans entailles, muni à l'intérieur de fortes auricules. Appareil apicial assez étendu, granuleux, sub-circulaire.

Radioles très-variables, allongés, cylindriques, quelquefois glandiformes, souvent comprimés et prismatiques, garnis de côtes, d'épines, de granules épars ou disposés en séries linéaires.

De tous les Échinides le genre *Cidaris* est celui qui a persisté le plus longtemps. Il commence à se développer dans les couches pénéennes. Depuis cette époque il multiplie ses espèces dans tous les étages des terrains jurassique, crétacé et tertiaire, et aujourd'hui encore il compte des représentants dans la plupart de nos mers. Six espèces représentées par le test ou seulement par les radioles ont été rencontrées dans le terrain crétacé des Pyrénées, et dix dans le terrain tertiaire.

19. CIDARIS PYRENAICA, Cotteau, 1863.

> *Cid. vesiculosa?* Dumortier, *Note sur les Corbières,* Bull. Soc. géol. de France, 2ᵉ série, t. XVI, p. 870, 1857. — *Id.*, Dumortier, *Note sur le terrain crétacé inférieur de Vinport, près Tercis,* Bull. Soc. géol. de France, 2ᵉ série, t. XVII, p. 241, 1860. — *Cid. Pyrenaica,* Cott., Paléont. française, *Terrain crétacé,* t. VII, p. 201, pl. 1049 et 1050, 1863.

Nous ne connaissions cette espèce que par quelques plaquettes isolées et les radioles assez abondants qui les accompagnent, lorsque M. l'abbé Pouech nous a communiqué un exemplaire parfaitement complet, et qui nous permet de préciser d'une manière très-nette les caractères qui le distinguent : — c'est une espèce de très-grande taille, circulaire, renflée, légèrement aplatie en dessus et en dessous. Les zones porifères sont très-onduleuses, étroites, déprimées, formées de pores oblongs et très-rapprochés. Les ambulacres présentent quatre rangées de granules ; comme dans le *Cid. pretiosa,* les granules externes, bien que distinctement mamelonnés, sont beaucoup plus petits que les autres, et accompagnés de quelques petites verrues inégales. Les tubercules inter-ambulacraires sont très-gros et espacés, surtout à la face supérieure, non crénelés, fortement mamelonnés, quelquefois atrophiés près du sommet, au nombre de cinq par série. La granulation qui remplit l'espace intermédiaire est aplatie et d'autant plus fine, qu'elle se rapproche du milieu des inter-ambulacres ; le péristome est petit et sub-circulaire.

Les radioles que nous rapportons à cette espèce sont de

grande taille, allongés, cylindriques, garnis de côtes granuleuses plus ou moins serrées ; la collerette est courte, à peine
distincte ; le bouton est ordinairement assez développé, l'anneau strié et la facette articulaire lisse. — Ces radioles varient
quelquefois un peu dans leur forme et les ornements qui les
recouvrent : ceux qu'on rencontre en assez grande abondance
dans les Corbières, en allant de Saint-Paul-de-Fenouillet à
Soulatge, et sur les hauteurs de la Quintaine, près Gruissan,
sont ordinairement plus épais, moins régulièrement cylindriques, garnis de stries granuleuses plus fines et plus nombreuses ; leur collerette est plus courte, moins distincte et le
bouton moins saillant. Malgré ces différences, qui ne man-
quent pas cependant d'une certaine valeur, nous n'y voyons,
quant à présent, qu'une variété du *Cid. Pyrenaica.*

Localités. — Moucharon, commune de Soula (Ariége);
Saint-Paul-de-Fenouillet, la Quintaine, près Gruissan (Aude);
Vinport, près Tercis (Landes). Test rare, radioles abondants. Étage crétacé inférieur. — Coll. d'Archiac, Dumortier, Raulin, Noguès, Pouech, ma collection.

20. CIDARIS GIBBERULA, Agassiz, 1846.

> *Cid. gibberula,* Agass. et Des., *Catal. rais. des Échin.,*
> Ann. sc. nat., 3ᵉ série, t. VI, p. 329, 1846. — *Id.,*
> Desor, *Synops. des Éch. foss.,* p. 34, pl. VI, fig. 3.
> — *Id.,* Cotteau, Paléont. franç., *Ter. crét.,* t. VII,
> pl. 1053, fig. 15-18; 1862.

M. Leymerie nous a communiqué deux radioles recueillis
aux environs de Rennes-les-Bains (Aude), parfaitement
caractérisés par leur forme ovoïde et renflée, les granules
épars et saillants qui garnissent la tige, et prennent, au
sommet, l'aspect d'une couronne ; ils ne sauraient être distingués du *Cid. gibberula,* Agassiz.

Localité. — Rennes-les-Bains (Aude). Rare. Terrain crétacé moyen ? — Coll. Leymerie.

Loc. autres que les Pyrénées. — Cassis (Bouches-du-Rhône).

21. CIDARIS VELIFERA, Bronn, 1835.

> *Cid. velifera*, Bronn, in *Jahrbuch*, p. 154, 1835. — *Id.*, Agass. et Des., *Catal. rais. des Échin.*, Ann. sc. nat., 3ᵉ série, t. VI, p. 329, 1846. — *Cid. Michelini*, Sorig., *Oursins foss. de l'Eure*, p. 18, 1850. — *Cid. globiceps*, Quenstedt, *Handbuch der Petref.*, p. 577, pl. XLIX, fig. 17, 1852. — *Cid. velifera*, Cott., Paléont. franç., *Terrain crét.*, t. VII, pl. 1054, fig. 14-21, 1862.

Nous rapportons à cette espèce un radiole recueilli par M. l'abbé Pouech, dans la craie inférieure de l'Ariége; sa petite taille, son aspect ovoïde, sub-glandiforme et renflé, les granules apparents, serrés, inégaux, dont sa tige est couverte, ne nous laissent aucun doute sur ce rapprochement.

Localité. — Environs de Pradières (Ariége). Rare. Terrain crétacé. — Coll. de M. l'abbé Pouech.

Loc. autres que les Pyrénées. — La Madeleine, près Vernon (Eure); Essen (Prusse); Frohnhausen (Hesse-Cassel) Iroursum (Espagne); Warminster (Angleterre).

22. CIDARIS SUB-VESICULOSA, d'Orbigny, 1850?

Ce n'est pas sans quelque doute que nous citons le *Cid. sub-vesiculosa* parmi les fossiles des Pyrénées. Les exemplaires que nous lui rapportons sont assurément très-voisins de cette espèce; cependant, ils n'offrent dans les ambulacres que quatre rangées de granules au lieu de six, et peut-être devrait-on, en raison de ce caractère, en faire une espèce distincte.

Localité. — Bugarach, environs de Soulatge (Aude). Rare. Terrain crétacé supérieur. — Coll. d'Archiac.

Loc. autres que les Pyrénées. — Clachalose, Vernonnet, Petit-Andelys, Houguemare, Bourgachard (Eure); Saint-Fraimbault, Marçon, Saint-Paterne (Sarthe); Villiers,

Villedieu (Loir-et-Cher) ; Semblançay (Indre-et-Loire) ; Barbezieux, Aubeterre, Lavalette (Charente) ; Talmont, Royan, Saintes (Charente-Inférieure) ; Kent (Angleterre).

23. CIDARIS RAMONDI, Leymerie, 1851.

> *Cid. Ramondi*, Leymerie, *Nouv. typ. Pyr.*, Mém. Soc. géol. de France, 2e série, t. IV, p. 192, pl. IX, fig. 11 et 12, 1851. — *Id.* Desor, *Synops. des Éch. foss.*, p. 16, pl. VI, fig. 13, 1854. — *Id.* Leym. et Cott., *loc. cit.*, p. 320, 1856. — Y. 3.

Localités. — Gensac (Haute-Garonne) ; Monléon (Hautes-Pyrénées). Test rare ; radioles assez abondants. Terrain crétacé supérieur. — Coll. Leymerie, Noguès, Kœchlin-Schlumberger, ma collection.

24. CIDARIS FAUJASI, Desor, 1854.

> *Cid. Faujasii*, Leym., *Nouv. typ. Pyrénéen*, Mém. Soc. géol. de France, 2e série, t. IV, p. 192, pl. IX, fig. 13 a (excl. *b*), 1851. — *Cid. Faujasii*, Leym. et Cott., *loc. cit.*, p. 320, 1856.

Localité. — Gensac (Haute-Garonne.) Rare. Terrain crétacé supérieur. — Coll. Leymerie.

Loc. autres que les Pyrénées. — Maëstricht et Folx-les-Caves (Hollande).

25. CIDARIS MAMILLATA, Cotteau, 1856.

> *Cid. mamillata*, Leym. et Cott., *loc. cit.*, p. 322, 1856. Y. 12.

Localité. — Environs de Carcassonne (Aude). Très-rare. Terrain crétacé supérieur. — Coll. Leymerie.

XIme Genre. SALENIA, GRAY, 1835.

Test de petite et moyenne taille, circulaire, plus ou moins renflé. Pores simples, se multipliant un peu vers le péristome. Aires ambulacraires étroites, sub-flexueuses, garnies de deux rangées de granules. Tubercules inter-ambulacraires crénelés et non perforés, formant deux rangées. Péristome sub-circulaire, marqué de faibles entailles. Périprocte excentrique en arrière, situé un peu à droite, en dehors de l'axe de l'animal. Appareil apicial saillant, couvrant une grande partie de la face supérieure, marqué d'impressions suturales et de stries très-variables dans leur aspect; plaque génitale antérieure de droite offrant une déchirure plus ou moins apparente, quelquefois spongieuse, et qui correspond au pore oviducal.

Radioles inconnus.

Le genre *Salenia* commence à se montrer dans les étages inférieurs du terrain crétacé; il acquiert son maximum de développement dans les couches moyenne et supérieure, et disparaît avec le terrain tertiaire inférieur, qui ne renferme plus qu'une seule espèce fort rare.

26. SALENIA PRESTENSIS, Desor, 1856.

> *Sal. Prestensis*, Leym. et Cott., *loc. cit.*, p. 328, 1856.
> — *Id.* d'Archiac, *Les Corbières*, Mém. Soc. géol. de France, 2ᵉ série, t. VI, p. 384, 1859.

Localité. — La Clape (Aude.) Rare. Terrain crétacé inférieur. — Coll. d'Archiac, ma collection.

Loc. autres que les Pyrénées. — Le Rimet, près Rancoul, Le Fâ, Ravin du Ravix (Isère); La Presta, Val-de-Travers, Kamer, Sentis (Suisse); Shanklin, Ile de Wight (Angleterre).

27. SALENIA HEBERTI, Cotteau, 1861.

> *Sal. Heberti*, Cott., Paléont. Franç., *Terrains crétacés*, t. VII, p. 173, pl. 1040, fig. 11-26, 1861.

M. Delbos a recueilli, dans la craie de Villagrains, une Salénie que nous rapportons au *Sal. Heberti*. L'exemplaire unique qui nous a été communiqué est parfaitement caractérisé par sa forme élevée et étroite à la base, la petitesse de son péristome, ses ambulacres à peine flexueux, très-longs, garnis de granules nombreux, serrés, délicats, placés sur le bord des zones porifères, et séparés par une granulation fine et abondante.

Localité. — Villagrains (Gironde). Très-rare. Terrain crétacé supérieur. — Coll. Delbos.

Loc. autres que les Pyrénées. — Meudon (Seine-et-Oise); Civières (Eure.) Craie supérieure.

XIIme Genre. PELTASTES, Agassiz, 1838.

Test de petite taille, circulaire, plus ou moins renflé. Pores simples, se multipliant un peu vers le péristome. Aires ambulacraires à peine flexueuses, garnies de deux rangées de granules. Tubercules inter-ambulacraires crénelés et non perforés, formant deux rangées. Péristome sub-circulaire, muni d'entailles apparentes. Périprocte excentrique en arrière, situé dans l'axe de l'animal. Appareil apicial saillant, couvrant ordinairement une grande partie de la face supérieure, marqué d'impressions suturales et de stries très-variables dans leur aspect; la plaque génitale antérieure de droite offre une fissure oblongue, toujours dirigée de droite à gauche, correspondant au pore oviducal, et tenant lieu du corps madréporiforme.

Radioles inconnus.

Le genre *Peltastes* est spécial au terrain crétacé; trois espèces ont été recueillies dans les Pyrénées.

28. Peltastes Archiaci, Cotteau, 1861.

Pelt. Archiaci, Cott., Paléont. franç., *Terrain crétacé,* t. VII, p. 110, pl. 1025, fig. 11-17, 1861.

Localité. — La Clape (Aude). Rare. Terrain crétacé inférieur. — Coll. Noguès, Triger, ma collection.

29. Peltastes stellulatus, Agassiz, 1846. (*Salenia*, Ag., 1838.)

Abondamment répandue dans le terrain néocomien du nord

et de l'est de la France, cette petite espèce, remarquable par sa taille constamment peu développée, sa face supérieure médiocrement renflée, la grandeur de son appareil apicial et ses tubercules inter-ambulacraires saillants et espacés, n'avait pas encore été rencontrée dans la région pyrénéenne; elle paraît y occuper un horizon plus élevé que dans le N.

Localité. — Vinport, à l'ouest de Tercis (Landes). Rare. Terrain néocomien supérieur. — Coll. Raulin.

Loc. autres que les Pyrénées. — Saint-Sauveur, Fontenoy, Auxerre, etc. (Yonne); Marolles, Soulaines (Aube); Saint-Dizier (Haute-Marne); Germigney (Haute-Saône); Fontanil (Isère), Censeau, Les Rousses (Jura); Sainte-Croix, Hauterive (Suisse). Assez abondant. Terrain néocomien inférieur et moyen.

30. PELTASTES STUDERI, Cotteau, 1861. (*Salenia,* Ag., 1840.)

L'exemplaire unique que nous avons sous les yeux est très-incomplet; il présente, cependant, les caractères essentiels du *Pelt. Studeri,* et nous n'hésitons pas à le réunir à cette espèce, assez fréquente dans les Alpes.

Localité. — Pradières (Ariége). Très-rare. Terrain crétacé inférieur. — Coll. Pouech.

Loc. autres que les Pyrénées. — Le Rimet (Isère); Perte du Rhône (Haute-Savoie); Escragnolle (Var).

XIIIme Genre. ANORTHOPYGUS, COTTEAU, 1859.

Test de taille moyenne, sub-pentagonal, plus ou moins renflé, quelquefois sub-conique. Zones porifères convergeant en droite ligne du sommet au péristome. Tubercules de petite taille, perforés, crénelés et scrobiculés. Péristome elliptique dans le sens du diamètre transversal, s'ouvrant dans une dépression profonde, marqué d'entailles assez prononcées. Périprocte presque à fleur du test, oblique, irrégulier, situé à la face supérieure entre le sommet et le bord postérieur. Appareil apicial solide, granuleux, composé de quatre plaques génitales et de cinq plaques ocellaires distinctement perforées ; la plaque madréporiforme remarquable par son grand développement occupe le milieu de l'appareil et se prolonge en arrière à la place de la plaque génitale impaire qui n'existe pas.

Le genre *Anorthopygus* est propre au terrain crétacé et ne renferme que deux espèces ; une seule a été signalée dans les Pyrénées.

31. ANORTHOPYGUS ORBICULARIS, Cotteau, 1859 (*Nucleolites*, de Gratel., 1836.)

> *Nucleol. orbicularis*, de Gratel., *Mém. sur les Oursins foss.*, p. 78, pl. II, fig. 21, 1836. — *Id.*, Des Moulins, *Étud. sur les Éch. foss.*, p. 362, n° 43, 1837. — *Pygaster orbicularis*, Leym. et Cott., *loc. cit.*, p. 331, 1856.

Nous avons hésité à laisser cette espèce parmi les Échinides des Pyrénées. L'échantillon décrit et figuré par M. de Grateloup est unique, et comme nous nous en sommes assuré en l'examinant, la localité de Dax n'est indiquée qu'avec un point de doute. Peut-être cet exemplaire provient-il de l'île d'Aix ou de Fouras.

Localité. — Environs de Dax (Landes)?.... Très-rare. Cénomanien. — Coll. de Grateloup.

Loc. autres que les Pyrénées.— Le Mans (carr. de la Gare), Coudrecieux (Sarthe) ; île d'Aix, Fouras (Charente-Infér.)

XIVme Genre. DISCOIDEA, KLEIN, 1734.

Test de taille variable, circulaire ou sub-pentagonal, plus ou moins renflé, quelquefois sub-conique. Zones porifères convergeant en droite ligne du sommet au péristome. Tubercules de petite taille, perforés, crénelés et scrobiculés, peu apparents à la face supérieure, plus gros en dessous, formant à l'ambitus et dans la région infra-marginale, des rangées concentriques assez régulières. Péristome s'ouvrant au milieu de la face inférieure, circulaire, décagonal, marqué de légères entailles. Périprocte ovale, placé entre le péristome et le bord postérieur. Appareil apical compacte, sub-pentagonal, peu développé, présentant, dans certaines espèces, cinq plaques génitales perforées, et dans d'autres, à la place de la plaque génitale impaire, une plaque complémentaire imperforée. L'intérieur du test est garni au pourtour de cloisons plus ou moins épaisses, placées près du bord, dans les aires inter-ambulacraires, et donnant lieu à ces entailles remarquables qu'on retrouve sur tous les moules intérieurs.

Le genre *Discoidea* est spécial au terrain crétacé; il se montre pour la première fois avec l'étage aptien, et disparaît dans les couches inférieures de l'étage sénonien; deux espèces seulement proviennent de la craie des Pyrénées.

32. Discoidea conica, Desor, 1842.

> *Disc. conica,* Cotteau, *Paléont. franç., terrain crét.,* t. VII, p. 16, 1861.

Localité. — Pradières (Ariége.) Rare. Terrain crét. infér. — Coll. Pouech.

Loc. autres que les Pyrénées. — Ravix, près le Villard-de-Lans, le hameau de Fâ (Isère); perte du Rhône, montagne des Fis (Haute-Savoie), Escragnolle (Var), Simbola près Nice (Alpes-Maritimes).

33. Discoidea Archiaci, Cotteau, 1861.

> *Discoidea, n. sp.,* d'Archiac, *Les Corbières,* Mém. Soc. géol. de France, 2e sér., t. VI, p. 363, 1859. — *Disc. Archiaci,* Cott., Paléont. franç., *Terr. crétacés,* t. VII, p. 40, pl. 1013, fig. 10-13, 1861.

Localité. — Env. de Padern, sur les bords du Verdouble et de la Valette (Aude). Très-rare. Terr. crétacé sup., dans les calcaires marneux à Échinides. — Coll. d'Archiac.

XVme Genre. ECHINOCONUS, Breyn, 1732.

Test de taille variable, sub-pentagonal à l'ambitus, plus ou moins renflé, globuleux, hémisphérique ou conique en dessus, presque plane en dessous. Zones porifères convergeant en droite ligne du sommet au péristome. Tubercules de petite taille, perforés, crénelés et scrobiculés, espacés et peu apparents en dessus, plus gros en dessous. Péristome s'ouvrant au milieu de la face inférieure, étroit, arrondi, vaguement décagonal, muni à l'intérieur d'auricules destinées à soutenir un appareil masticatoire très-prononcé. Périprocte circulaire ou ovale, placé près du bord postérieur, de manière à être plus visible en dessous que sur le profil transversal. Appareil apicial compacte, sub-quadrangulaire, composé de quatre plaques génitales perforées, de cinq plaques ocellaires également perforées, et quelquefois d'une plaque complémentaire intercalée entre les plaques ocellaires postérieures.

Le genre *Echinoconus* est essentiellement crétacé, ses espèces abondent surtout dans l'étage sénonien; la craie des Pyrénées nous en a fourni trois.

34. Echinoconus sulcatus, d'Orbigny, 1856.

> *Echin. sulcatus*, d'Orb., Paléont. franç., *Terrain crét.*, t. VI, p. 542, pl. 1005, fig. 1-6, 1856.

Localités. — Rivière, Tercis (Landes); Monléon, Magnoac (Hautes-Pyrénées). Assez abondant. Terrain crétacé sup. Musée de Paris (Collection d'Orbigny).

35. Echinoconus Tercensis, Cotteau, 1863.

Espèce de taille moyenne, un peu plus longue que large, sub-convexe et déprimée en dessus, pulvinée en dessous, légèrement concave au milieu. Ambulacres à fleur du test. Zones porifères peu apparentes. Périprocte infra-marginal, sub-elliptique, acuminé à ses deux extrémités. Péristome central, oblique. Quatre pores génitaux, les antérieurs plus rapprochés que les deux autres.

Localité. — Tercis (Landes). Rare. Terr. crét. sup., associé aux *Echinocorys* et à l'*Isaster Aquitanicus.* — Coll. de la Sorbonne.

36. Echinoconus gigas, Cotteau, 1856.

> *Globator gigas,* Desor, *in coll.* Michelin, 1855. — *Echin. gigas,* Leym. et Cott., *loc. cit.,* p. 330, 1856. — *Id.,* Cott., *in* d'Orb., Paléont. franç., *Terr. crét.,* t. VI, p. 511, pl. 984, fig. 6, et pl. 995, 1859.

Localités. — Bauchalot, près Saint-Gaudens, Saint-Martory, Auzas, Picou près Roquefort, Saint-Marcel (Haute-Garonne.) Assez abondant. Terrain crétacé sup. — Salies (Haute-Garonne.) Colonie crétacée dans le terrain tertiaire. — Coll. Leymerie, Michelin, Noguès, ma collection.

37. Echinoconus conicus, Breyn, 1732 (*Galer.,* Lam., 1816.)

> *Echin. albogalerus,* Leym. et Cott., *loc. cit.,* p. 330, 1856. — *Galer. albogalerus,* d'Archiac, *les Corbières,* Mém. Soc. géol. de France, 2ᵉ série, t. VI, p. 363, 1859.

Localités. — Rennes-les-Bains, Cubières (Aude). Rare. Terr. crét. sup. — Coll. d'Archiac.

Loc. autres que les Pyrénées. — Partout caractéristique de l'étage sénonien.

38. Echinoconus sub-conicus, d'Orbigny, 1856.

> *Echin. sub-conicus,* d'Orb., Paléont. franç., *Terr. crétacés,* t. VI, p. 519, pl. 998, 1856.

L'*Ech. sub-conicus* est très-voisin de l'*Ech. conicus* avec lequel il a été souvent confondu; il s'en distingue par son sommet moins élevé, plus large et plus arrondi, par son profil longitudinal à côtés convexes, et par sa base moins sensiblement pentagonale. Les échantillons recueillis à Villagrains et que nous rapportons à cette espèce appartiennent à une variété de grande taille *(var. major)* : l'un d'eux a 56 millimètres de hauteur et son diamètre antéro-postérieur est de 58 millimètres ; malgré cet énorme développement, il ne paraît différer du type que d'Orbigny a figuré par aucun caractère essentiel.

Localité. — Villagrains (Gironde). Assez commun. Terr. crét. sup. — Coll. Raulin, ma collection.

Loc. autres que les Pyrénées. — Sens, Villeneuve-sur-Yonne (Yonne) ; Beauvais (Oise) ; Brighton, Gravesend (Angleterre.) Étage sénonien.

39 ECHINOCONUS RAULINI, d'Orbigny, 1856.

> *Echin. Raulini*, d'Orb., Paléont. franç.., *Terr. crét.*,
> t. VI, p. 539, pl. 1003, 1856.

Localité. — Villagrains (Gironde). Rare. Terr. crét. sup. — Coll. Raulin.

40. ECHINOCONUS MINIMUS, Cotteau, 1863.

Espèce de très-petite taille, ovoïde, un peu plus longue que large, haute, renflée, arrondie et convexe en dessus, presque plane en dessous. Ambulacres à fleur du test, formés de pores espacés. Tubercules petits, scrobiculés, apparents surtout à la face inférieure. Périprocte infra-marginal, sub-elliptique dans le sens du diamètre transversal. Péristome central, à fleur du test, circulaire.

Cette espèce, en raison de sa taille et de sa forme ovoïde et renflée, ne saurait être confondue avec aucun de ses congénères ; elle ne nous a pas paru devoir être considérée comme le jeune âge des *Ech. sub conicus* ou *Raulini* avec lesquels on la rencontre associée.

Localité. — Villagrains (Gironde). Assez rare. Terr. crét. sup. — Coll. Raulin, ma collection.

XVIme Genre. PYRINA, Des Moulins, 1837.

Test de taille variable, de forme ovale ou arrondie, quelquefois sub-pentagonale, plus ou moins renflé en dessus, sub-pulviné en dessous. Zones porifères simples, convergeant en droite ligne du sommet au péristome; autour de la bouche, on voit les pores se grouper par triples paires obliques. Tubercules de petite taille, perforés, crénelés et scrobiculés, épars, plus gros en dessous qu'à la face supérieure. Péristome oblique, irrégulier, incliné de droite à gauche, s'ouvrant au milieu de la face inférieure, sans bourrelets ni floscelle. Périprocte ovale, supérieur ou marginal. Appareil apicial sub-compacte, composé de quatre plaques génitales perforées, et de cinq plaques ocellaires également perforées; les deux plaques ocellaires postérieures, sont directement superposées aux plaques génitales postérieures, et se touchent par le milieu.

Le genre *Pyrina* a longtemps été considéré comme exclusivement propre au terrain crétacé : une espèce récemment découverte dans le terrain nummulitique de l'Ariége, nous montre que ce genre existe encore dans les couches tertiaires inférieures.

41. PYRINA ATAXENSIS (*Ataxica*) Cotteau, 1856.

> *Pyrina Ataxica*, Leym. et Cott., *loc. cit.*, p. 331, 1856. Id., Cott. *in* d'Orbigny, Paléont. franç., *Terrains crétacés*, t. VI, p. 491, pl. 988, fig. 1-5, 1859. — *Id.* d'Archiac, *Les Corbières*, Mém. Soc. géol. de France, 2e série, t. VI, p. 354 et 355, 1859.

> *Localités.* — Bains de Rennes, montagne des Cornes, Sougraigne (Aude). — Coll. d'Archiac, Marcel de Serres, Noguès, Triger, ma collection.

42. PYRINA PETROCORIENSIS, Des Moulins, 1837.

> *Pyr. Petrocoriensis*, Cott. *in* d'Orbigny, Paléont. franç., *Terr. crét.*, 2e éd., t. VI, p. 486, pl. 986, fig. 1-5, 1860.

Il est possible que les exemplaires recueillis à Soulatge, par M. d'Orbigny, et rapportés par lui au *Pyr. Petrocoriensis,* soient simplement une variété plus circulaire et plus renflée du *Pyr. Ataxensis;* cependant, d'Orbigny, qui avait sous les yeux les types des deux espèces, insiste, dans la Paléontologie française, sur les différences qui les séparent.

Localité. — Soulatge (Aude). Rare. Terrain crétacé supérieur. Musée de Paris (Coll. d'Orbigny).

Loc. autres que les Pyrénées. — Lalinde (Dordogne).

XVIIme Genre. ECHINOBRISSUS, Breyn, 1732.

Test de taille petite et moyenne, oblong, sub-circulaire, arrondi en avant, ordinairement tronqué en arrière, sub-déprimé en dessus, concave ou légèrement pulviné en dessous. Zones porifères toujours pétaloïdes. Tubercules épars, petits, scrobiculés. Péristome excentrique, sub-pentagonal, sans bourrelets, quoiqu'on y remarque quelquefois des rudiments de phyllodes. Périprocte s'ouvrant à la face supérieure, à l'origine d'un sillon qui remonte plus ou moins près de l'appareil apicial.

Le genre *Echinobrissus,* très-abondant à l'époque jurassique, disparaît avec les couches supérieures du terrain crétacé; une seule espèce fort rare a été rencontrée dans les Pyrénées.

43. Echinobrissus Leymeriei, Cotteau, 1863.

Espèce de taille moyenne, un peu plus longue que large, médiocrement renflée, arrondie en avant, déclive et sub-tronquée en arrière, fortement pulvinée en dessous. Sommet ambulacraire excentrique en avant. Tubercules serrés, inégaux, apparents surtout à la face inférieure. Péristome légèrement excentrique, pentagonal, entouré d'un floscelle rudimentaire. Périprocte s'ouvrant au sommet de la face postérieure dans un sillon étroit.

Nous ne connaissons de cette espèce qu'un exemplaire très-incomplet ; cependant, sa forme générale et sa face inférieure, très-fortement pulvinée, le distinguent nettement de ses congénères, et nous n'avons pas hésité à en faire une espèce particulière.

Localité. — Belbèze (Haute-Garonne). Très-rare. Colonie crétacée (M. Leymerie). — Coll. Leymerie.

XVIIIme Genre. CONOCLYPEUS, Agassiz, 1840.

Test de grande taille, sub-circulaire, oblong, très-renflé, tantôt hémisphérique, tantôt conique ou sub-conique en dessus, entièrement plat en dessous. Zones porifères larges, pétaloïdes; aires ambulacraires droites, aiguës au sommet, s'élargissant insensiblement au fur et à mesure qu'elles se rapprochent de l'ambitus. Tubercules épars, petits, fortement scrobiculés. Quelques espèces présentent de plus, autour du sommet, des tubercules accessoires très-saillants et non scrobiculés. Péristome situé à la face inférieure, un peu excentrique en avant, sub-pentagonal, entouré d'un floscelle très-apparent. Périprocte infra-marginal, sub-triangulaire, quelquefois ovale. Appareil apicial compacte, saillant en forme de bouton, composé de quatre plaques génitales perforées, et de cinq plaques ocellaires également perforées, remarquable par le développement de la plaque madréporiforme.

Le genre *Conoclypeus* commence à se montrer avec le terrain crétacé supérieur, et est surtout abondamment répandu dans les couches éocènes du terrain tertiaire.

44. Conoclypeus Ovum, Agassiz, 1847. (*Galer,* Grat., 1836.)

> *Galer. Ovum,* de Grat., *Ours. foss.,* p. 55, pl. II, fig. 5, 1836. — *Echinol. Ovum,* Des Moul., *Él. sur les Éch. foss.,* p. 352, n° 27, 1837. — *Conoclyp. Ovum,* Leym. et Cott., *loc. cit.,* p. 337, 1856.

Localités. — Bazin, Laplante près de Montfort (Landes). Rare. Terrain crétacé sup. — Coll. Michelin, d'Orbigny.

Loc. autres que les Pyrénées. — Cozes, Saintes (Charente-Inférieure).

XIXme Genre. ECHINOCORYS, Breyn, 1732.

Test de grande taille, ovale, renflé, gibbeux, quelquefois sub-conique. Zones porifères apétaloïdes, convergeant en ligne droite du sommet au péristome; ambulacre impair non différent des autres. Tubercules très-petits, crénelés, perforés, égaux et espacés. Péristome réniforme, très-excentrique en avant. Périprocte ovale, infra-marginal. Appareil apicial allongé; toutes les plaques, à l'exception de la plaque ocellaire impaire, sont directement superposées et se touchent par le milieu; point de fascioles.

Le genre *Echinocorys* ne s'est rencontré, jusqu'ici, que dans l'étage sénonien, où il est très-abondamment répandu.

45. Echinocorys vulgaris, Breyn, 1732. (*Ananchy*. Lam., 1816.)

> *Ananch. ovata, striata, gibba, pustulosa, semiglobus, hemispherica, conoidea*, de Grat., *Ours. foss.*, p. 60-63, pl. II, fig. 8-11, 1836. — *Ananch. ovata, conoidea, striata, gibba, pustulosa, hemispherica, semiglobus, Corculum*, Des Moulins, *Études sur les Éch.*, p. 369, 377, 1837. — *Ananch. ovata*, Leym., *Nouv. type pyrénéen*, Mém. Soc. géol. de France, 2e série, t. IV, p. 201, pl. XI, fig. 5, 1851. — *Echin. vulgaris*, Leym. et Cott., *loc. cit.*, p. 352, 1856.

Cette espèce présente, dans les Pyrénées comme partout ailleurs, un grand nombre de variétés, d'autant plus remarquables qu'elles paraissent occuper des niveaux qui leur sont propres. A Tercis, associée à l'*Isaster Aquitanicus*, se rencontre en abondance une variété que nous n'avons recueillie nulle part ailleurs; elle se reconnaît à sa forme épaisse et renflée sur les bords, à sa base large et déprimée, à sa face supérieure plus ou moins régulièrement convexe, quelquefois sub-conique, et se réunissant alors, par des passages insensibles, à la variété *striata*. A un autre niveau des carrières de Tercis, ce sont les variétés *striata*, *conoidea* et *gibba* qui dominent; cette dernière, presque toujours écrasée, est remarquable par les énormes proportions de son test.

Tous les exemplaires qui proviennent des falaises de Bidart, au sud de Biarritz, sont complètement déformés; on reconnaît cependant qu'ils affectaient une forme conique très-prononcée.

Dans la craie de Gensac et de Monléon, M. Leymerie a figuré une variété intéressante qu'il désigne sous le nom de *tenui-tuberculata*, et qui nous paraît rentrer dans le groupe des variétés *striata* et *gibba*.

M. l'abbé Pouech nous a communiqué tout récemment une autre variété également fort curieuse, recueillie à Aurignac; elle rappelle celle de Gensac et de Monléon, mais s'en distingue par sa face supérieure plus hémisphérique et plus régulièrement convexe.

C'est la variété *striata*, qu'on rencontre dans la craie des Corbières; les exemplaires, cependant, sont toujours d'une taille plus petite que le type du Nord.

La variété *ovata* elle-même, à-peu-près identique à celle de Meudon, existe dans les Pyrénées, et M. Leymerie nous en a communiqué un exemplaire siliceux provenant du Cirque de Gavarnie.

Localités. — Bidart (Basses-Pyrénées); Villagrains (Gironde); Tercis (Landes); Cirque de Gavarnie (Hautes-Pyrénées); Gensac, Monléon, Larroque, Roquefort, Ausseing, Caseneuve près Aurignac, Cassaigne (Haute-Garonne); Soulatge, Sougraigne, Bains-de-Rennes (Aude). — École des Mines, coll. de la Sorbonne; coll. Leymerie, Raulin, Noguès, Pouech, ma collection.

Loc. autres que les Pyrénées. — Partout caractéristique de l'étage sénonien.

XXme Genre. HOLASTER, Agassiz, 1836.

Test de taille variable, allongé, cordiforme, plus ou moins renflé en dessus. Ambulacre impair situé ordinairement dans un sillon, composé de pores simples et différents des autres; ambulacres pairs apétaloïdes, à fleur du test; zones porifères souvent inégales, les antérieures plus étroites que les autres. Tubercules petits, inégaux, crénelés et perforés. Péristome très-excentrique en avant, transverse, sub-circulaire; périprocte ovale, situé à la face postérieure, au sommet d'un sillon ou aréa plus ou moins prononcé. Appareil apicial allongé. Point de fascioles.

Le genre *Holaster* est spécial à la formation crétacée; ses espèces abondent surtout dans les couches inférieures et moyennes.

46. HOLASTER.

Hol. subglobosus, Leym. et Cott., *loc. cit.*, p. 350, 1856.

Les exemplaires de cette espèce sont toujours incomplets et déformés, et il est difficile de préciser léurs caractères spécifiques. D'Orbigny les avait rapportés à l'*Holaster subglobosus* de l'étage cénomanien, et nous-même, dans notre Catalogue de 1856, nous avions partagé cette opinion. Aujourd'hui, nous sommes moins affirmatif, et leur association avec des exemplaires parfaitement caractérisés de l'*Echinocorys vulgaris*, nous laisse beaucoup de doute sur la détermination adoptée jusqu'ici.

Localité. — Bidart (Basses-Pyrénées). Assez rare. — Coll. Leymerie, d'Archiac, Kœchlin-Schlumberger, ma collection.

47. HOLASTER INTEGER, Agassiz, 1840.

Hol. integer, Leym. et Cott., *loc. cit.*, p. 350, 1856. — *Id.*, d'Archiac, *Les Corbières*, Mém. Soc. géol. de France, 2e série, t. VI, p. 359, 1859.

Localités. — Bains-de-Rennes, Montagne des Cornes (Aude). Rare. Craie supérieure. — Coll. Michelin , d'Archiac.

Loc. autres que les Pyrénées. — Fécamp (Seine-Infér.); Houguemarre, Pinterville (Eure). Étage sénonien.

48. HOLASTER TERCENSIS, Cotteau , 1863.

Espèce de très-grande taille , allongée, cordiforme, sub-convexe en dessus , médiocrement renflée en dessous. Sillon antérieur très-atténué près de l'appareil apicial , échancrant fortement l'ambitus et se prolongeant en un canal étroit jusqu'au péristome. Sommet ambulacraire sub-central. Zones porifères larges , à-peu-près égales. Péristome petit, arrondi. — Nous ne connaissons cette belle espèce que par un échantillon écrasé recueilli par M. Noguès. Nous la plaçons provisoirement dans le genre *Holaster* , en attendant qu'un exemplaire mieux conservé permette de s'assurer si l'ambitus est ou non muni d'un fasciole.

L'*Holaster Tercensis* se rapproche beaucoup du *Cardiaster Heberti,* de la craie blanche de Meudon ; cette dernière espèce cependant paraît plus acuminée en arrière, plus renflée ; son sommet semble plus excentrique en avant et son sillon antérieur plus profond.

Quatre grandes espèces de *Cardiaster* ou d'*Holaster* sont mentionnées dans la craie blanche : l'*Hol. cordiformis*, Sorignet (1850) de la craie blanche des environs de Louviers [1], le *Cardiaster grandis*, Woodward (1856), (*Spat. grandis* , Benett, 1831), de la craie supérieure de Norwich et d'Hegslesburg [2] ; le *Card. Heberti*, Cotteau, de la craie de Meudon [3] et notre *Hol. Tercensis*. Peut-être devra-t-on un jour réunir ces différentes espèces dont on ne connaît que des exemplaires isolés ?... Mais dans l'état actuel de la science, elles

[1] Sorignet, *Ours. foss. de l'Eure*, p. 66.
[2] Woodward, *Mem. of geol. Sur.*, app. to dec. V, p. 7, 1852.
[3] Cotteau et Triger, *Éch. de la Sarthe*, p. 240.

sont trop imparfaitement connues pour que nous puissions nous prononcer sur leur identité.

Localité. — Tercis (Landes.) Très-rare. Craie blanche sup., associé à l'*Echinoc. vulgaris,* var. *gibba.* — Ma collection.

XXIme Genre. OFFASTER, Desor, 1857.

Test de petite taille, ovoïde, renflé. Sillon antérieur presque nul. Ambulacre impair semblable aux autres, formé cependant de pores un peu plus serrés; ambulacres pairs apétaloïdes, à fleur du test; pores relativement très-espacés vers l'ambitus. Tubercules petits, crénelés et perforés. Péristome sub-circulaire à fleur du test; Périprocte ovale, s'ouvrant au-dessus du bord postérieur. Appareil apicial allongé. Fasciole marginal.

Dans le *Synopsis des Échinides fossiles,* M. Desor a démembré des *Cardiaster* le genre *Offaster* qui est spécial au terrain crétacé et ne renferme que de très-petites espèces. En raison de la forme et de la disposition de ses plaques ambulacraires, c'est un type intermédiaire entre les *Echinocorys* et les *Holaster.*

49. Offaster pillula, Desor, 1857.

Card. pillula, Leym, et Cott., *loc. cit.,* p. 349, 1856.

Localités. — Villagrains (Gironde); Rousse, Montagne de Martres, rive droite de la Garonne (Haute-Garonne). Rare. Craie blanche. — Coll. Leymerie, Raulin, Delbos.

Loc. autres que les Pyrénées. — Partout caractéristique de la craie sénonienne.

XXIIme Genre. CARDIASTER, Forbes, 1850.

Test de taille très-variable, renflé et cordiforme comme celui des *Holaster.* Sillon antérieur plus ou moins apparent. Ambulacre impair différent des autres, formé ordinairement de pores plus petits et plus serrés. Ambulacres pairs apétaloïdes, à fleur du test ; zones porifères, souvent inégales, les antérieures plus étroites que les autres. Tubercules crénelés, perforés, inégaux. Péristome très-excentrique en avant, transverse, sub-circulaire. Périprocte ovale, situé à la face postérieure, au sommet d'un sillon ou aréa plus ou moins prononcé. Appareil apicial allongé. Fasciole marginal.

Le genre *Cardiaster*, assez nombreux en espèces, est essentiellement propre aux couches supérieures du terrain crétacé ; une seule espèce a été rencontrée dans les Pyrénées.

50. CARDIASTER PUNCTATUS, Cotteau, 1856.

Card. punctatus, Leym. et Cott., *loc. cit.*, p. 350, 1856.

Localité. — Au nord de Saint-Gaudens (Haute-Garonne). Rare. Craie blanche sup. — Coll. Leymerie.

XXIIIme Genre. HEMIPNEUSTES, AGASSIZ, 1835.

Test de grande taille, très-renflé en dessus, presque plane en dessous. Sillon antérieur étroit, profond, s'étendant jusqu'au sommet ambulacraire qui est central. Ambulacres pairs sub-pétaloïdes, à fleur du test ; zones porifères très-inégales, les antérieures beaucoup plus étroites que les autres. Tubercules petits, crénelés et perforés. Péristome très-excentrique en avant, transverse, réniforme. Périprocte ovale, arrondi, situé à la face postérieure, au sommet d'une aréa très-prononcée. Appareil apicial allongé. Point de fascioles.

Le genre *Hemipneustes* est propre au terrain crétacé supérieur.

51. HEMIPNEUSTES STRIATO-RADIATUS, Agassiz (Spat., Leske, 1778.)

Hemip. radiatus, Leym., *nouv. type pyrénéen*, Mém. Soc. géolog. de France, 2e sér., t. IV, p. 201, 1851. *Hemip. striato-radiatus*, Leym. et Cott., *loc. cit.*, p. 354, 1856.

Nous avons comparé de nouveau les exemplaires des Pyrénées avec ceux de Maëstricht, et malgré les différences qui les séparent, bien qu'ils soient ordinairement plus développés, que le sillon antérieur soit plus large, plus profond, la face postérieure moins étroite et moins surbaissée, nous persistons à les considérer comme appartenant à une même espèce. — M. Desor, dans le *Synopsis des Échinides fossiles,* rapporte les exemplaires de Gensac et de Monléon à l'*Hemip. Africanus* que caractérisent ses zones porifères plus larges et se prolongeant jusqu'au péristome, son test moins renflé en avant et son aréa péristomale moins profonde. Aucun de ces caractères ne se retrouvent dans nos échantillons des Pyrénées; les zones porifères sont peut-être en général moins larges et moins prolongées que dans le type de Maëstricht.

M. Kœchlin-Schlumberger nous a communiqué une variété fort curieuse recueillie à Gensac : sa taille est plus petite, plus cordiforme ; le sillon antérieur est étroit et resserré ; les zones porifères sont relativement très-peu développées ; le sommet se trouve rejeté en arrière, la face postérieure est plus haute et plus renflée que la face antérieure et tombe presque droit au-dessus du périprocte. Nous n'aurions pas hésité à faire de cette variété une espèce particulière, si dans la même couche on ne rencontrait les exemplaires les mieux caractérisés de l'*Hemip. striato-radiatus.*

Localités. — Mont-Saunes, Salies, Betchat, Mont-d'Ausseing, Gensac et Monléon (Hautes-Pyrénées). Assez rare. Craie blanche sup.— Coll. Leymerie, Kœchlin-Schlumberger, ma collection.

Loc. autres que les Pyrénées. — Lanquais (Dordogne); Maëstricht (Hollande.) Étage sénonien.

XXIVme Genre. ECHINOSPATAGUS, Breyn, 1732.

Test de taille moyenne, oblong, cordiforme, plus ou moins renflé. Sillon antérieur large, peu profond. Ambulacre impair différent des autres. Ambulacres pairs pétaloïdes, à

fleur du test ou placés dans une légère dépression. Zones
porifères larges, inégales, les antérieures plus étroites que
les autres. Tubercules crénelés, perforés, souvent scrobiculés, inégaux, espacés; les plus gros se montrent près du
sommet ou en dessous, aux approches du péristome. Péristome très-excentrique en avant, transverse, sub-pentagonal.
Périprocte ovale, s'ouvrant à la face postérieure, au-dessus
de l'ambitus. Appareil apicial compacte, composé de quatre
plaques génitales perforées, en contact au centre du sommet,
et de cinq plaques ocellaires intercalées à l'angle des plaques
génitales. Point de fascioles.

Le genre *Echinospatagus* caractérise les couches inférieures du terrain crétacé et ne s'élève pas au-dessus de
l'étage aptien; trois espèces ont été rencontrées dans les
Pyrénées.

52. ECHINOSPATAGUS CORDIFORMIS, Breyn, 1732.

> *Echinosp. cordiformis*, Leym. et Cott., *loc. cit.*, p. 348,
> 1856.

Aucun exemplaire autre que celui que nous avons mentionné dans notre Catal. de 1856, n'a été recueilli dans les
Pyrénées; il est donc encore douteux pour nous que cette
espèce si abondamment répandue en France et en Suisse
fasse partie de la faune qui nous occupe.

Localité. — Salies (Pyrénées-Orientales). Rare. Terrain
néocomien. — Coll. Leymerie.

Loc. autres que les Pyrénées. — Partout caractéristique
du terrain néocomien.

53. ECHINOSPATAGUS COLLEGNII, d'Orbigny, 1853. (*Tox ast.
Sismonda*, 1843.)

> *Echinosp. Collegnii*, Leym. et Cott., *loc. cit.*, p. 348,
> 1856. — *Id.*, d'Archiac, *Les Corbières*, Mém Soc.
> géol. de France, 2ᵉ série, t. VI, p. 381 et suiv., 1859.

Le *Toxaster Brunneri*, Merian (*Echinospatagus*), qu'on

rencontre dans les Alpes, et que caractérisent ses ambulacres légèrement concaves, nous paraît devoir être réuni à l'*Echinospatagus Collegnii*.

Parmi les exemplaires assez nombreux que nous a communiqués M. Noguès, l'un d'eux, probablement celui que M. d'Archiac a mentionné [1], présente, au premier aspect, la physionomie de l'*Echinosp. Ricordeanus* (*Echinosp. argilaceus*, d'Orbigny, non Phillips); cependant, cet exemplaire isolé, et qui n'est peut-être encore qu'une variété plus cordiforme et à ambulacres moins déprimés de l'*Echinosp. Collegnii*, ne nous a pas paru suffisant pour établir la présence de cette espèce dans le massif de la Clape.

Localités. — Pradières, canton de Foix (Ariége); Gruissan, La Clape, Quillan, Roc de Bitrague (Aude). Abondant. Terrain crétacé inférieur. — Coll. d'Archiac, Michelin, Triger, Noguès, Pouech, Raulin, ma collection.

Loc. autres que les Pyrénées. — Le Rimet, Le Ravix, près Grenoble (Isère); Le Theil près La Motte-Chalançon (Drôme); environs de Castellane (Basses-Alpes); Les Martigues (Bouches-du-Rhône); Serviez (Gard); Nice (Alpes-Maritimes); craie avec Orbitolites entre Alcara et Onda (Royaume de Valencé), marnes à Plicatules de Mora (Espague).

54. ECHINOSPATAGUS LEYMERIEI, Cotteau, 1856.

> *Echinosp. Leymeriei*, Leym. et Cott., *loc. cit.*, p. 348, 1856. — *Id.*, d'Archiac, *Les Corbières*, Mém. Soc. géol. de France, t. VI, p. 387, 1859. — V. 93.

Il se pourrait que l'*Echinosp. Leymeriei* ne fût qu'une variété plus allongée, plus grosse et plus renflée de l'*Echinosp. Collegnii*, avec lequel on le rencontre associé.

Localité. — La Clape (Aude). Rare. Terrain crétacé inférieur. — Coll. d'Archiac, Leymerie.

---

[1] D'Archiac : *Les Corbières*, Mém. Soc. géol. de France, 2ᵉ série, t. VI, p. 387.

XXV⁰ Genre. ISASTER, Desor, 1856.

Test de taille assez grande, oblong, ovoïde, fortement renflé en dessus. Sillon antérieur nul. Ambulacre impair différent des autres; ambulacres pairs grêles, pétaloïdes, presque à fleur de test. Tubercules petits, crénelés, perforés, épars. Péristome excentrique en avant, étroit, transverse. Périprocte infra-marginal. Appareil apicial compacte. Point de fascioles.

Le genre *Isaster* est spécial au terrain crétacé supérieur.

55. ISASTER AQUITANICUS, Desor 1858. (*Spat.*, de Grateloup, 1836.)

> *Spat. Aquitanicus*, de Grat., *Ours. foss.*, p. 74, pl. II, fig. 17, 1836. — *Id.*, Des Moulins, *Études sur les Échin. foss.*, p. 402, n° 43, 1837. — *Epiaster Aquitanicus*, d'Orbigny, Paléont. franç., *Terrain crétacé*, t. VI, p. 199, pl. 863, 1853. — *Isaster Aquitanicus*, Desor, *Synops. des Echin. foss.*, p. 359, 1857.

Placée successivement dans les genres *Spatangus, Ananchytes, Micraster* et *Epiaster,* cette belle et curieuse espèce a servi de type au genre *Isaster* de M. Desor. C'est à M. de Grateloup que revient le mérite d'avoir, le premier, fait connaître cet Oursin intéressant, spécial jusqu'ici à la craie des environs de Dax.

Localité. — Tercis (Landes). Abondant. Craie blanche supérieure, au-dessous de l'*Echinocorys vulgaris*, var. *gibba*. Musée de Paris (coll. d'Orbigny). Collect. de la Sorbonne, Noguès, ma collection.

XXVI⁰ Genre. MICRASTER, Agassiz, 1836.

Test de grande et moyenne taille, oblong, sub-cordiforme, plus ou moins renflé. Sillon antérieur large et peu profond. Ambulacre impair différent des autres; ambulacres pairs pétaloïdes, plus ou moins excavés, inégaux, les antérieurs d'ordinaire sensiblement plus longs que les postérieurs ; zones porifères formées, à la face supérieure, de pores ovales ou oblongs, transverses, conjugués. Tubercules petits, crénelés et perforés, inégaux, épars, munis de radioles grêles, aigus, droits ou arqués, renflés et crénelés à leur base. Péristome très-excentrique en avant, transversal, labié, pourvu d'une lèvre très-saillante. Périprocte ovale, situé à la face postérieure. Appareil apicial compacte. Fasciole sous-anal.

Le genre *Micraster*, limité, comme l'a fait d'Orbigny, aux espèces offrant un fasciole sous-anal, est spécial aux étages supérieurs de la craie, où il est très-abondant ; nous en avons rencontré cinq espèces dans la craie des Pyrénées.

56. MICRASTER COR-TESTUDINARIUM, Agassiz, 1836. (*Spat.*, Goldf., 1829.)

> *Micr. brevis*, Leym. et Cott., *loc. cit.*, p. 346, 1856. — *Micr. brevis, gibbus* et *cor-testudinarium*, d'Archiac, *Les Corbières*, Mém. Soc. géol. de France, 2ᵉ série, t. VI, p. 359, 1859.

Nous renvoyons, pour l'histoire, la synonymie et la description de cette espèce, à nos *Echinides de la Sarthe* [1]. Plusieurs variétés intéressantes se rencontrent dans les Pyrénées : la plus abondante est la variété *brevis*, plus courte, plus ramassée que le type, et remarquable par ses ambulacres postérieurs allongés et à zones porifères relativement très-larges.

Certains auteurs mentionnent la présence de cette espèce dans la craie de Tercis. Nous pensons qu'elle s'y rencontre effectivement ; cependant, les quelques exemplaires qui nous ont été communiqués sont trop incomplets et trop déformés pour que nous puissions être certain de leur identité spécifique.

Localités. — Bains-de-Rennes, Montagne des Cornes, Bugarach, Soulatge, Sougraigne (Aude) ; Gensac (Haute-

---

[1] *Échinides de la Sarthe*, p. 520, pl. LIV.

Garonne) ; Tuco, près Cazeneuve, Tercis (Landes)? Abondant. Terrain crétacé supérieur. — Toutes les collections.

Loc. autres que les Pyrénées. — Partout caractéristique de l'étage sénonien.

57 MICRASTER MATHERONI, Desor, 1847.

> *Micr. Matheroni*, Leym. et Cott., *loc. cit.*, p. 347, 1856.
> — *Id.*, d'Archiac, *Les Corbières*, Mém. Soc. géol. de France, 2e série, t. VI, p. 359, 1859.

Localités. — Bains-de-Rennes, Montagne des Cornes (Aude). Rare. Terrain crétacé sup. — Musée de Paris (coll. d'Orbigny). Coll. d'Archiac.

Loc. autres que les Pyrénées. — Bausset (Var).

58. MICRASTER GLEIZEZEI, Leym., 1856.

> *Sch. verticalis*, Leym., non Ag., *Noux. type Pyrénéen*, Mém. Soc. géol. de France, 2e série, t. IV, p. 201, 1851. — *Micr. Gleizezei*, Leym. et Cott., *loc. cit.*, p. 347, 1856.

Localité. — Mont-Rond près Monléon (Hautes-Pyrénées). Très-rare. Terrain crétacé supérieur. — Coll. Leymerie.

59. MICRASTER TERCENSIS, Cotteau, 1863.

Espèce de grande taille, sub-cordiforme, courte, renflée, plus large que longue, fortement gibbeuse en dessous. Sommet ambulacraire un peu excentrique en avant. Sillon antérieur large, assez profond, apparent depuis le sommet jusqu'au péristome. Ambulacres pairs étroits, allongés, les postérieurs sont à-peu-près de même dimension que les autres.

Voisine du *Micr. Matheroni*, cette espèce s'en éloigne par sa forme plus courte, plus renflée en dessus et plus gibbeuse en dessous, et par son sillon antérieur beaucoup plus apparent.

Localité. — Tercis (Landes). Assez rare. Terrain crétacé

supérieur, associé à l'*Echinocorys vulgaris*. — Coll. de la Sorbonne.

60. MICRASTER SUB-CARINATUS, Cotteau, 1863.

Espèce de petite taille, sub-cordiforme, renflée en dessus, acuminée et tronquée en arrière, marquée, dans la région postérieure, d'une carène assez apparente. Face inférieure légèrement convexe. Sommet ambulacraire un peu excentrique en avant; sillon antérieur d'autant plus prononcé qu'il s'éloigne du sommet, échancrant profondément l'ambitus. Ambulacres pairs médiocrement excavés, les antérieurs un peu plus longs que les autres. Péristome fortement labié, rapproché du centre.

Cette petite espèce, remarquable par sa taille peu développée, sa face supérieure carénée en arrière, ses ambulacres inégaux et peu profonds, nous a paru nouvelle.

Localité. — Tercis (Landes). Rare. Craie blanche sup., associée, comme la précédente espèce, à l'*Echinocorys vulgaris*. — Coll. de la Sorbonne, ma collection.

XXVIIᵐᵉ Genre. CYCLASTER, COTTEAU, 1856.

Test de moyenne taille, oblong, sub-cordiforme, plus ou moins renflé. Sillon antérieur nul. Ambulacre impair différent des autres ; ambulacres pairs très-écartés, pétaloïdes, à peine excavés, presque égaux, les antérieurs, cependant, un peu plus longs que les autres; zones porifères formées, à la face supérieure, de pores oblongs, obliques, conjugués. Tubercules petits, crénelés et perforés, épars, abondants, serrés, homogènes. Péristome excentrique en avant, transversal, labié, pourvu d'une lèvre peu saillante. Périprocte ovale, situé au sommet de la face postérieure. Appareil apicial compacte. Fasciole péripétale et sous-anal.

Nous ne pouvons partager l'opinion de M. Desor, qui réunit ce genre aux *Brissopsis*. Ces derniers, exclusivement propres, jusqu'ici, au terrain tertiaire et à l'époque actuelle, présen-

tent, il est vrai, un double fasciole péripétale et sous-anal ;
mais en dehors de ce caractère, les deux genres ne sauraient
être rapprochés. Les *Brissopsis* offrent un sillon antérieur
plus ou moins prononcé, mais toujours apparent vers l'ambitus ; leurs ambulacres sont très-peu divergents et atrophiés
près du sommet, comme chez les *Toxobrissus*, la face antérieure est ordinairement étroite, resserrée, et la plus grande
largeur se trouve en arrière du sommet. Chez les *Cyclaster*,
au contraire, l'ambitus antérieur est intact et complètement
dépourvu de sillon ; les ambulacres s'écartent beaucoup plus,
affectent quelquefois une disposition sub-transversale, et par
conséquent ne sont jamais atrophiés à leur partie supérieure ;
la plus grande largeur se trouve en avant et non pas en arrière
du sommet. Ces différences donnent à ces deux genres une
physionomie bien distincte, et suffisent certainement pour les
séparer, surtout si l'on considère que les *Cyclaster*, beaucoup
plus anciens que les *Brissopsis*, vivaient soit à l'époque crétacée, associés aux *Echinocorys*, aux *Micraster*, aux *Holaster*,
qui tous ont disparu depuis longtemps de l'animalisation du
globe, soit dans les terrains tertiaires les plus inférieurs.

Le genre *Cyclaster* renferme trois espèces crétacées et
une espèce nummulitique qui a servi de type au genre.

61. Cyclaster integer, Cotteau, 1863. (*Micr.*, d'Orbigny,
    1854.)

    Micr. integer, d'Orb., Paléont franç., *Terrain crétacé*,
       t. VI, p. 219, pl. 902, 1854. — *Id.*, Leym. et Cott.,
       loc. cit., p. 347, 1856.

Cette espèce, que distinguent sa taille peu développée,
ses ambulacres courts et inégaux, sa face antérieure dépourvue de sillon, et probablement aussi son double fasciole péripétale et sous-anal, rentre certainement dans le genre
Cyclaster.

Localité. — Tercis (Landes). Rare. Craie blanche sup. —
Musée d'histoire naturelle de Paris (coll. d'Orbigny).

62. Cyclaster pyriformis, Cotteau, 1863. (*Spat.* de Grateloup, 1836.)

Spat. pyriformis, de Gratel., *Ours. foss.,* p. 76, pl. II,
fig. 16, 1836.

Espèce de taille moyenne, allongée, sub-cylindrique, dilatée en avant, et sub-tronquée en arrière, épaisse et renflée
en dessus, convexe en dessous. Sommet ambulacraire excentrique en avant. Sillon antérieur à peine apparent à la partie
supérieure, nul à l'ambitus. Ambulacres pairs médiocrement
enfoncés, les antérieurs très-divergents, disposés presque
horizontalement. Péristome rapproché du bord, fortement
labié. Périprocte élevé. Fasciole péripétale et sous-anal apparent.

Cette espèce, qu'on rencontre dans la même couche que
la précédente, s'en distingue par sa forme plus allongée, plus
épaisse, plus cylindrique, par son sommet plus excentrique
en avant, et ses ambulacres pairs antérieurs plus divergents.

L'identité de gisement nous a engagé à réunir cette espèce
au *Spatangus pyriformis* de M. de Grateloup, que nous ne
connaissons que par la figure très-incomplète que l'auteur
en a donnée.

Localité. — Tercis (Landes). Assez rare. Craie blanche
supérieure. — Coll. de la Sorbonne, coll. Noguès.

XXVIIIme Genre. HEMIASTER, Desor, 1847.

Test de petite et moyenne taille, dilaté, sub-cordiforme,
tronqué en arrière, plus ou moins renflé. Sillon antérieur
peu profond, souvent plus étroit que les ambulacres. Ambulacre impair différent des autres; ambulacres pairs plus ou
moins écartés, pétaloïdes, toujours excavés, ordinairement
inégaux, les antérieurs plus longs que les autres. Péristome
excentrique en avant, transversal, labié, muni d'une lèvre
saillante. Périprocte ovale, situé au sommet de la face postérieure. Appareil apicial compacte. Fasciole péripétale.

Le genre *Hemiaster* comprend un grand nombre d'espèces réparties dans les terrains crétacé et tertiaire ; dix espèces ont été rencontrées dans les Pyrénées, cinq proviennent de la craie.

63. HEMIASTER PHRYNUS, Desor, 1847.

> *Hem. Phrynus*, Desor, *Synops. des Échin. foss.*, p. 368, pl. XLII, fig. 1-4, 1857.

Ce n'est pas sans quelque doute que nous rapportons à cette espèce un échantillon d'*Hemiaster* qui nous a été communiqué par M. l'abbé Pouech. Peut-être appartient-il plutôt à l'*Hem. minimus*.

Localité. — Pradières (Ariége). Très-rare. Terrain crétacé inférieur. — Coll. Pouech.

Loc. autres que les Pyrénées. — Perte du Rhône (Haute-Savoie) ; Clar, près Escragnolle (Var).

64. HEMIASTER NASUTULUS, Sorignet, 1850. (*Spat*, Mantell, 1822.)

> *Hem. punctatus*, Leym. et Cott., *loc. cit.*, p. 342, 1856.

En 1854, d'Orbigny a donné le nom de *punctatus* à cette espèce, qui n'est autre que l'*Hem. nasutulus* de M. l'abbé Sorignet, et doit reprendre son nom le plus ancien.

Localités. — Villagrains (Gironde) ; Saint-Marcel, Marsoulas (Haute-Garonne). Abondant. Terrain crétacé sup. — Coll. Leym., Delbos, ma collection.

Loc. autres que les Pyrénées. — Vernonnet, Petit-Andelys (Eure) ; Talmont, Royan, Mirambeau, Saint-Georges (Charente-Inférieure) ; Lavalette (Charente) ; Saint-Mesmes près Périgueux (Dordogne) ; environs de Tours (Indre-et-Loire).

65. HEMIASTER DESORI, d'Archiac, 1854.

> *Hem. Desori*, d'Archiac, Bull. Soc. géol. de France, 2ᵉ série, t. XI, p. 228, pl. XI, fig. 6, 1854. — *Id.*, Leym. et Cott., *loc. cit.*, p. 343, 1856.

Localité. — Bains-de-Rennes (Aude). Rare. Terrain crétacé supérieur. — Coll. d'Archiac.

66. HEMIASTER VERNEUILLI, Desor, 1847.

> *Hem. Verneuilli,* Leym. et Cott., *loc. cit.,* p. 343, 1856.
> — id., d'Archiac, *Les Corbières,* Mém. Soc. géol. de France, 2ᵉ sér., t. VI, p. 363, 1859.

Localité. -- Soulatge (Aude). Rare. Terr. crét. sup.? — Coll. d'Orbigny, d'Archiac.

Loc. autres que les Pyrénées. — Sainte-Maure, Briolay (Indre-et-Loire); Thaims (Charente-Inf.); Fumel (Lot-et-Garonne); Chatellerault (Vienne.)

67. HEMIASTER CONSTRICTUS, Cotteau, 1856.

> *Hem. constrictus,* Leym. et Cott., *loc. cit.,* p. 343, 1856. *Hem. globosus* (pro parte), Desor, *Synops. des Ech. foss.,* p. 372, 1857.

Il ne nous a pas paru possible de réunir cette petite espèce à l'*Hem. globosus,* comme le fait M. Desor.

Localité. — Environ de Fréchet (Haute-Garonne). Rare. Terr. crét. sup. — Coll. Leymerie.

III. TERRAIN TERTIAIRE

Iᵉʳ Genre. ECHINUS, LIN., DESOR, 1856.

1. ECHINUS LEYMERIEI, Cotteau, 1856.

> *Echinus Leymeriei,* Leymerie et Cotteau, *Catal. des Ech. foss. des Pyrénées,* Bull. Soc. géol. de France, 2ᵉ sér., t. XIII, p. 327, 1856.

Cette espèce, remarquable par sa grande taille, l'étroitesse de son péristome et la disposition toute particulière de ses pores ambulacraires, devrait peut-être servir de type à un genre nouveau. Nous laissons provisoirement parmi les *Echinus* le seul exemplaire que nous connaissons; sa mauvaise conservation ne nous permettant pas de préciser d'une manière suffisante les caractères qui pourraient lui être propres.

Localité. — Fabas (Ariége). Très-rare. Terrain tertiaire inférieur. — Coll. Leymerie.

IIme Genre. — PSAMMECHINUS, Agassiz, 1846.

Test de petite et moyenne taille, sub-circulaire, plus ou moins renflé. Zones porifères assez larges; pores disposés par triples paires obliques. Tubercules ambulacraires et inter-ambulacraires imperforés, non crénelés, médiocrement développés, formant des séries multiples mais d'inégale valeur. Plaques coronales nombreuses, allongées, plus ou moins granuleuses. Péristome moins ouvert que chez les *Stomechinus,* sub-décagonal, marqué d'entailles peu profondes.

Radioles en forme d'épines, d'apparence lisse, mais en réalité couverts de stries fines et longitudinales.

Réintégré dans la méthode par M. Desor, le genre *Psammechinus* se trouve dans les terrains crétacé et tertiaire, et est assez abondamment répandu dans les mers actuelles.

2. Psammechinus Biarritzensis, Cotteau, 1863. Pl. I, fig. 5-9.

Espèce de très-petite taille, circulaire, médiocrement renflée en dessus, presque plane en dessous. Pores disposés par triples paires, sensiblement obliques vers l'ambitus et à la face inférieure, se redressant et formant une ligne presque droite au fur et à mesure qu'elles se rapprochent du sommet. Ambulacres garnis de deux rangées de petits tubercules, au nombre de quatorze à quinze par série, non crénelés ni perforés, placés sur le bord des zones porifères, accompagnés de granules abondants, inégaux, épars, quelquefois mamelonnés. Aires inter-ambulacraires présentant deux rangées de tubercules principaux plus espacés et un peu plus gros que ceux qui garnissent les ambulacres, au nombre de onze à douze par série. Tubercules secondaires beaucoup plus petits, formant quatre rangées apparentes surtout vers l'ambitus, deux dans la zone miliaire, et les deux autres à droite de chacune des rangées principales. Granules intermédiaires épars, inégaux, disposés autour des tubercules principaux en cercles plus ou moins réguliers, tendant quelquefois à se confondre avec les plus petits des tubercules secondaires. Péristome largement ouvert, marqué d'assez fortes entailles.

RAPPORTS ET DIFFÉRENCES. — Le *P. Biarritzensis* se distingue de ses congénères par sa petite taille, ses pores ambulacraires formant, à la face supérieure, une ligne presque droite, ses tubercules inter-ambulacraires accompagnés de quatre rangées de tubercules secondaires, et son péristome relativement très-ouvert.

Localité. —Biarritz (Rocher du Goulet). Très-rare. Éocène, groupe nummulitique (couche à *Serpula spirulæa*). — Coll. Pellat.

EXPLICATION DES FIGURES. — Pl. 4, fig. 5, *Psamm. Biarritzensis*, vu de côté; fig. 6, face sup.; fig. 7, face inf.; fig. 8, plaques ambulacr. et inter-ambulacr. grossies; fig. 9, tubercule grossi.

2 *bis*. PSAMMECHINUS CAILLIAUDI, Desor, 1857 [1]. Pl. I, fig. 1-4,

> *Psammech. Cailliaudi*, Desor, *Synops. des Échin. foss.*,
> p. 120, 1857. — R. 85.

Nous ne connaissons cette espèce que par le moule en plâtre R. 85, et la courte diagnose que M. Desor a donnée dans le *Synopsis*. L'exemplaire que nous avons sous les yeux présente un aspect plus granuleux; sa face inférieure est plus

---

[1] C'est par erreur que cette espèce, recueillie dans le département de l'Hérault, a été comprise dans ce travail et figurée dans nos planches.

plane, et son péristome un peu moins enfoncé; cependant, il ne nous a pas semblé devoir être distingué du type.

Localité. — Environs de Béziers (Hérault). Très-rare. Miocène. — Ma collection.

EXPLIC. DES FIGURES. — Pl. 1, fig. 1, *Psamm. Cailliaudi,* vu de côté; fig. 2, face inf.; fig. 3, ambulacre grossi; fig. 4, plaques inter-ambulacr., grossies.

IIIᵐᵉ Genre. HEBERTIA, MICHELIN, 1859.

Test de petite taille, circulaire, hémisphérique, plus ou moins renflé. Pores ambulacraires disposés par simples paires. Tubercules ambulacraires et inter-ambulacraires de petite taille, finement crénelés et perforés, formant deux rangées parfaitement distinctes sur chacune des aires. Péristome médiocrement développé, marqué d'assez faibles entailles.

Radioles grêles, allongés, garnis de stries fines et longitudinales.

Le genre *Hebertia* paraît, jusqu'ici, spécial au terrain tertiaire inférieur; nous n'en connaissons que deux espèces, l'une du bassin parisien, et l'autre des Pyrénées.

3. HEBERTIA MERIDANENSIS, Cotteau, 1863. Pl. 1, fig. 10-14.

Espèce de petite taille, sub-circulaire, déprimée en dessus et en dessous. Ambulacres légèrement renflés, garnis de deux rangées de petits tubercules finement crénelés et perforés, espacés, homogènes, accompagnés de quelques granules épars et inégaux. Tubercules inter-ambulacraires identiques à ceux qui couvrent les ambulacres, et formant seulement deux rangées, sans trace de tubercules secondaires. Zone miliaire très-large, à peine déprimée au milieu; granules intermédiaires peu abondants, épars, inégaux, tendant à se grouper en cercle autour des tubercules. Péristome assez largement ouvert, marqué de petites entailles relevées sur les bords. Hauteur, 9 millimètres; diamètre, 15 millimètres.

M. l'abbé Pouech vient de nous communiquer un second exemplaire de cette espèce qui présente tous les caractères du premier, et s'en distingue seulement par sa taille plus forte ; sa hauteur est de 14 millimètres , et son diamètre de 30.

RAPPORTS ET DIFFÉRENCES. — Très-voisine de l'*H. Parisiensis* du calcaire grossier de Chaumont (Oise), cette espèce nous a paru s'en distinguer par sa forme moins hémisphérique , ses ambulacres plus étroits et garnis de tubercules plus espacés , ses aires inter-ambulacraires moins déprimées.

Localités. — Sabarat, Montardit (Ariége). Très-rare. Éocène. — Coll. de M. l'abbé Pouech.

EXPLICATION DES FIGURES. — Pl. 1, fig. 10, *H. Meridanensis*, de la collection de M. l'abbé Pouech, vu de côté; fig. 11, face sup.; fig. 12, face inf.; fig. 13, plaques ambul. et inter-ambul. grossies; fig. 14, tubercule grossi.

IVᵐᵉ Genre. MICROPSIS, COTTEAU, 1856.

4. MICROPSIS BIARRITZENSIS, Cott., 1863, Pl. I, fig. 15-17.

Nous ne connaissons cette espèce que par un seul fragment, mais il présente des caractères si tranchés, que nous n'avons pas hésité à en faire le type d'une espèce nouvelle : les zones porifères sont presque droites et formées de pores séparés par un renflement granuliforme très-saillant ; les tubercules sont nombreux, homogènes, de petite taille, imperforés et très-distinctement crénelés ; on en compte quatre rangées sur les ambulacres , et dix au moins vers l'ambitus , sur les aires inter-ambulacraires.

Voisine du *Micropsis Desori,* cette espèce s'en distingue par ses tubercules inter-ambulacraires moins serrés et disposés en rangées verticales plus régulières, par ses granules moins abondants et plus inégaux.

Localité. — Biarritz (rocher du Goulet). Très-rare. Éocène, groupe nummulitique. — Ma collection.

5

Explication des Figures. — Pl. I, fig. 15, fragment du *M. Biarritzensis*; fig. 16, le même grossi; fig. 17, tubercule grossi.

5. Micropsis Nummulitica, Cotteau, 1863.

M. Raulin vient de nous communiquer une plaque recueillie dans les marnes à Nummulites des environs de Dax, et qui, en raison de ses tubercules crénelés et imperforés, appartient certainement au genre *Micropsis*; elle diffère de l'espèce précédente par ses tubercules plus gros, moins homogènes et beaucoup plus saillants. Du reste, nous n'aurions pas tenu compte de ce fragment isolé et trop incomplet pour être décrit, si, dans la même couche, ne se fussent rencontrés un certain nombre de radioles paraissant provenir de la même espèce, et d'autant plus intéressants, que nous ne connaissions pas encore les radioles du genre *Micropsis*; ils sont allongés, sub-aciculés, comme ceux des *Pseudodiadema*, cylindriques et quelquefois comprimés, lisses en apparence, mais en réalité garnis de petites côtes régulières, espacées et très-atténuées. La collerette est fortement développée et paraît finement striée; le bouton est allongé, l'anneau très-saillant, comprimé, dentelé sur les bords, la facette articulaire étroite et crénelée.

Localité. — Cazordite, au sud de Dax (Landes). Rare. Marnes nummulitiques. — Coll. Raulin.

Vme Genre. CYPHOSOMA, Agassiz, 1840.

6. Cyphosoma Atacicum, Cotteau, 1863 (*Coptosoma*, Leym., 1856). Pl. II, fig. 6-11.

Coptosoma Atacicum, Leym. et Cott., *loc. cit.*, p. 325, 1856.

Espèce de taille moyenne, sub-pentagonale, haute, renflée, également déprimée en dessus et en dessous. Zones porifères très-onduleuses. Ambulacres garnis de deux rangées de tubercules légèrement crénelés, fortement mamelonnés, au nombre de onze à douze par série, diminuant rapidement de volume à la face supérieure, rapprochés les uns des autres surtout vers l'ambitus, et laissant à peine de place à quelques verrues intermédiaires. Tubercules inter-ambulacraires un peu plus gros que ceux qui recouvrent les ambulacres, saillants, formant deux rangées très-rapprochées que sépare une série flexueuse de granules inégaux; sur le bord des aires inter-ambulacraires, se montrent deux rangées irrégulières de tubercules secondaires apparents surtout vers l'ambitus, et qui, à la face supérieure, se confondent avec les granules. Hauteur, 14 millimètres; diamètre, 26 millimètres.

RAPPORTS ET DIFFÉRENCES. — Le *C. Atacicum* ne saurait être confondu avec aucun de ses congénères.

Voisin du *C. cribrum* (*Coptosoma*, Desor), il s'en distingue par ses tubercules ambulacraires diminuant plus rapidement de volume à la face supérieure, ce qui lui donne une physionomie toute particulière.

Nous reportons cette espèce dans le genre *Cyphosoma*. Le genre *Coptosoma*, que M. Desor en avait démembré, ne nous paraissant en différer par aucun caractère important [1].

Localité. — Département de l'Aude. Très-rare. Éocène. — Collection Deshayes (Tallavignes).

EXPLICATION DES FIGURES. — Pl. II, fig. 6, *C. Atacicum*, de la collection de M. Deshayes, vu de côté; fig. 7, face sup.; fig 8, face inf.; fig. 9, ambulacre grossi; fig. 10, plaque inter-amb. grossie; fig. 11, tubercule grossi.

7. CYPHOSOMA NOGUESI, Cotteau, 1863.

Cyph. Atacicum, Cott., *Échin. nouv. ou peu connus*, p. 43, pl. VII, fig. 1-2, 1861.

Dès l'instant où l'espèce précédente à laquelle M. Leymerie,

---

[1] *Échinides nouveaux ou peu connus*, 1re partie, p. 44, nous avons indiqué les motifs qui nous ont engagé à supprimer de la méthode le genre *Coptosoma*.

dans le Cataloque de 1856, a donné le nom d'*Atacicum*, devient un *Cyphosoma*, nous ne pouvons plus conserver à celle-ci ce même nom d'*Atacicum;* nous sommes heureux de la dédier à M. le professeur Noguès, qui nous a communiqué le seul échantillon que nous connaissions.

Localité. — Entre Moussoulens et Montolieu (Montagne Noire) (Aude). Très-rare. Éocène, groupe nummulitique. — Coll. Noguès, Leymerie.

8. Cyphosoma cribrum, Agassiz, 1840.

> *Cyphos. cribrum*, Agassiz, *Cat. syst. Ectyp.*, p. 11, 1840. — *Coptos. cribrum*, Desor, *Synops. des Éch. foss.*, p. 91, pl. XV, fig. 8-10, 1857.

Notre échantillon de Biarritz diffère un peu du type figuré par M. Sismonda et plus tard par M. Desor : ses tubercules sont plus espacés et relativement plus gros vers l'ambitus ; le mamelon qui les surmonte est moins développé ; les ambulacres sont un peu plus larges, mais ces différences n'ont que peu d'importance au point de vue spécifique.

Localités. — Biarritz (rocher du Goulet) (Basses-Pyrénées) ; Sabarat (Ariége). Très-rare. Éocène, groupe nummulitique, couche à *Serpula spirulœa*. — Coll. d'Archiac, Pouech.

Loc. autres que les Pyrénées. — Castel-Gomberto.

9. Cyphosoma Pellati, Cotteau, 1863. Pl. II, fig. 1-5.

Espèce de grande taille, circulaire, médiocrement renflée en dessus, presque plane en dessous. Zones porifères sensiblement onduleuses. Ambulacres garnis de deux rangées de tubercules principaux, au nombre de quinze à seize par série, visiblement crénelés et surmontés d'un mamelon très-petit et imperforé ; les granules qui les accompagnent sont peu abondants, inégaux, épars, quelquefois mamelonnés. Aires inter-ambulacraires pourvues de deux rangées de tubercules principaux à-peu-près identiques à ceux qui garnissent les ambulacres. Tubercules secondaires beaucoup plus petits, formant, de chaque côté des tubercules principaux, une rangée très-irrégulière qui disparaît à la face supérieure. Zone miliaire large, déprimée et presque lisse au milieu. Granules intermédiaires inégaux, épars, tendant cependant à se rapprocher des tubercules.

Hauteur, 16 millimètres?... Diamètre, 50 millimètres.

RAPPORTS ET DIFFÉRENCES. — Cette espèce rappelle par sa forme, sa taille et la disposition de ses tubercules, le *C. Noguesi* du terrain nummulitique de l'Aude. Elle nous a paru s'en distinguer d'une manière très-positive par ses zones porifères onduleuses, ses ambulacres garnis de tubercules plus espacés et plus nombreux, ses aires inter-ambulacraires lisses et déprimées au milieu, ses tubercules secondaires moins gros, moins nombreux et formant des rangées beaucoup moins régulières.

Localité. — Biarritz (rocher du Goulet). Très-rare. Éocène, groupe nummulitique, couche à *Serpula spirulæa*. — Coll. Pellat.

EXPL. DES FIGURES. — Pl. II, fig. 1, *C. Pellati*, de la coll. de M. Pellat, vu de côté; fig. 2, face sup.; fig 3, ambulacre grossi; fig. 4, plaque inter-ambul. grossie; fig. 5, tubercule grossi.

VIme Genre. ECHINOPSIS, AGASSIZ, 1840.

Test de petite taille, circulaire, hémisphérique, plus ou moins renflé. Pores ambulacraires disposés par simples paires. Tubercules ambulacraires et inter-ambulacraires de petite taille, non crénelés, finement perforés, presque sans scrobicules, formant deux rangées distinctes sur chacune des aires. Tubercules secondaires nuls. Péristome peu développé, circulaire, muni de faibles entailles. Appareil génital en forme d'anneau très-étroit.

Radioles inconnus.

Le genre *Echinopsis* paraît propre au terrain tertiaire inférieur : les espèces à pores trigéminés tels que les *Echinopsis Gacheti* et *Edwardsi* que M. Desor y a réunies, nous paraissent constituer un genre parfaitement distinct.

10. ECHINOPSIS ARENATA, Desor, 1855 (*Diadema*, d'Arch., 1846).

> *Diadema arenatum*, d'Arch. in Agass. et Desor, *Catal. rais. des Éch., Ann. sc. nat.*, 3ᵉ sér., t. VI, p. 348, 1846. — *Id.*, d'Archiac, *Foss. nummul.*, Mém. Soc. géol. de Fr., 2ᵉ sér., t. III, p. 424, pl. X, fig. 14, 1850. — *Echinopsis arenata*, Desor, *Synops. des Éch. foss.*, p. 99, 1855. — *Id.*, Leym. et Cott., *loc. cit.*, p. 325, 1856.

Comme dans le Catalogue de 1856, nous laissons cette espèce parmi les *Echinopsis* où l'a placée M. Desor, tout en reconnaissant, avec l'auteur du *Synopsis*, la nécessité probable d'établir pour elle, lorsqu'elle sera mieux connue, une nouvelle coupe générique.

Localité. — Biarritz. Très-rare. Éocène, groupe nummulitique. — Coll. de l'École des Mines.

VIIᵐᵉ Genre. CŒLOPLEURUS, AGASSIZ, 1840.

Test de taille petite et moyenne, sub-pentagonal, médiocrement renflé. Pores disposés par simples paires. Tubercules ambulacraires et inter-ambulacraires à-peu-près d'égale grosseur, non crénelés et imperforés. Les tubercules ambulacraires forment deux rangées régulières sur chacune des aires ; mais il n'en est pas de même des tubercules inter-ambulacraires ; les rangées principales disparaissent avant d'atteindre la face supérieure, et aux approches du sommet les inter-ambulacres présentent cinq bandes lisses, marquées quelquefois de stries très-gracieuses. Péristome petit, muni de faibles entailles.

Radioles inconnus.

Le genre *Cœlopleurus* n'est représenté que par un petit nombre d'espèces, qui, toutes, caractérisent le terrain tertiaire inférieur.

11. Cœlopleurus Agassizi, d'Archiac, 1846.

> *Cœlopl. Agassizii*, d'Archiac, *Descr. des foss. des env. de Bayonne*, Mém. Soc. géol. de France, 2ᵉ série, t. II, p. 205, pl. VIII, fig. 2, 1846. — *Id.*, d'Arch., *Desc. des foss. du groupe numm.*, Mém. Soc. géolog. de France, 2ᵉ sér., t. III, p. 421, pl. X, fig. 15, 1850. — *id.*, Leym. et Cott., *loc. cit.*, p. 325, 1856.

Cette espèce nous paraît être la seule qu'on rencontre à Biarritz. Nous croyons que c'est par suite d'une erreur qu'Agassiz, et d'après lui la plupart des auteurs, mentionnent à Biarritz la présence du *C. coronalis*; il est possible qu'on puisse l'y rencontrer, mais jusqu'ici nous ne connaissons aucun échantillon qui en provienne : aussi n'hésitons-nous pas à retrancher, quant à présent, de la faune française, cette espèce assez fréquente en Espagne.

Localité. — Biarritz (rocher du Goulet). Rare. Éocène, groupe nummulitique, couche à *Serpula spirulæa*. — Coll. d'Archiac, Pellat.

VIIIᵐᶜ Genre. RHABDOCIDARIS, Desor, 1854.

12. Rhabdocidaris Pouechi, Cotteau, 1863. Pl. II, fig. 12-14.

Nous ne possédons de cette espèce qu'un fragment de test, mais il suffit pour fixer d'une manière certaine les caractères de l'espèce : les zones porifères paraissent à peine flexueuses et sont composées de pores oblongs, rapprochés les uns des autres, unis par un sillon bien distinct; les ambulacres, malgré leur peu de largeur, renferment six rangées de petits granules mamelonnés; les deux rangées externes sont placées sur le bord des zones porifères et beaucoup plus développées

que les autres. Les tubercules inter-ambulacraires sont crénelés, perforés et s'élèvent du milieu d'un scrobicule elliptique; les granules qui les entourent sont mamelonnés et
plus apparents que ceux qui occupent la zone miliaire; ces
derniers sont fins, homogènes et séparés par de petites stries
transversales et irrégulières.

C'est la première fois que le genre *Rhabdocidaris* est signalé
à l'époque tertiaire.

Localité. — Saint-Jean-de-Verges (Ariége). Très-rare.
Éocène, groupe nummulitique. — Coll. de M. l'abbé Pouech.

EXPLICATION DES FIGURES. — Pl. II, fig. 12, fragment du *R.
Pouechi*; fig. 13, plaques grossies; fig. 14, plaque ambulacraire
vue au microscope.

IXme Genre. POROCIDARIS, DESOR, 1854.

Ce genre n'est connu que par quelques plaques isolées :
ses tubercules inter-ambulacraires sont largement développés, crénelés et perforés, et rappellent par leur structure
ceux des véritables *Cidaris;* seulement, le scrobicule qui les
entoure présente un cercle de pores allongés, placés dans
de petits sillons, et qui traversent le test. La destination de
ces petits pores n'est pas connue; mais ils ne se retrouvent
dans aucun autre genre, et leur importance organique ne
saurait être contestée.

. Radioles allongés, comprimés, fortement dentelés sur les
bords?...

Le genre *Porocidaris* caractérise le terrain tertiaire inférieur. Le *C. Schmidelii* de l'Oolite inférieure, que M. Desor
place dans ce même genre, n'est représenté que par ses
radioles, et nous doutons que ce soit un véritable *Porocidaris.*

13. POROCIDARIS SERRATA, Desor, 1854. (*Cidaris*, d'Archiac,
1846), pl. II, fig. 15-16.

Cid. serrata, d'Archiac *in* Agassiz et Desor, *Catal. rais.
des Échinides,* Ann. Sc. nat., 3e série, t. VI, p. 336,

1846. — *Id.*, d'Archiac, *Desc. des foss. du groupe numm.*, Mém. Soc. géol. de France, 2ᵉ série, t. III, p. 419, pl. X, fig. 16, 1850. — *Porocid. serrata*, Desor, *Synops. des Échin. foss.*, p. 47, pl. VII, fig. 23, 1854. — *Id.*, Leym. et Cott., *loc. cit.*, p. 323, 1856.

Le magnifique exemplaire que nous a communiqué M. Pellat, nous permet de compléter la description de ce radiole très-imparfaitement connu :

Tige longue, aplatie, finement dentelée sur les bords, couverte de petits granules épars et atténués, tendant à se grouper, vers le milieu du radiole, en séries longitudinales toujours plus prononcées sur un côté que sur l'autre. Collerette distincte, médiocrement développée, garnie de petits granules épars, espacés, et qui se prolongent jusqu'au bouton, marquée, en outre, de stries très-fines et longitudinales. Bouton court, elliptique, beaucoup moins comprimé que la tige ; anneau très-saillant ; facette articulaire crénelée.

RAPPORTS ET DIFFÉRENCES. — Cette espèce présente, dans sa forme, sa taille et les ornements dont elle est pourvue, une ressemblance si étroite avec le *Porocid. Schmidelii*, de l'Oolite inférieure de Dischingen, figuré par Goldfuss et plus tard par Desor, qu'on serait tenté de croire, au premier abord, en ce qui touche cette dernière espèce, à une erreur de gisement ; l'exemplaire de Biarritz ne s'en distingue réellement que par sa forme un peu plus aplatie, ses bords plus finement dentelés et ses granules formant, au milieu, des stries longitudinales plus régulières.

Ce n'est pas sans quelque doute que nous laissons cette espèce dans le genre *Porocidaris* où l'a placée M. Desor, seulement, d'après la forme et les ornements de ses radioles ; il serait fort possible qu'elle appartînt au genre *Cidaris*, car le test qui serait nécessaire pour trancher la question, n'est pas encore connu.

Localités. — Biarritz, moulin de Sopite (Basses-Pyrénées) ; Angoumé, à l'ouest de Dax (Landes). Rare. Éocène, groupe

nummulitique, couche à *Serpula spirulæa*, (niveau inférieur).
— Coll. d'Archiac, Raulin, Pellat, Delbos, Triger.

Explication des Figures. — Pl. II, fig. 15, radiole du *P. serrata*, de la collection de M. Pellat; fig. 16, le même grossi.

Xme Genre. CIDARIS, Klein, 1734.

14. Cidaris Sabaratensis, Cotteau, 1863 (pl. VIII, fig. 8-9).

Espèce de taille moyenne, circulaire, également déprimée
en dessus et en dessous. Zones porifères sub-flexueuses,
composées de pores ovales, rapprochés, séparés par un petit
renflement granuliforme. Ambulacres étroits, présentant de
chaque côté, sur le bord des zones porifères, une rangée de
granules serrés et mamelonnés; au milieu de ces deux rangées se montrent d'autres granules beaucoup plus petits, inégaux, plus ou moins abondants, tantôt disposés au hasard et
tantôt formant deux séries irrégulières, interrompues çà et là.
Tubercules inter-ambulacraires assez largement développés
surtout vers l'ambitus, diminuant insensiblement de volume
en se rapprochant du péristome, au nombre de six par série,
à base non crénelée, entourés d'un scrobicule sub-onduleux
circulaire, à peine déprimé. Cercle scrobiculaire distinct,
composé de granules espacés et mamelonnés. Zone miliaire
large, garnie de granules fins, abondants, serrés, épars,
d'autant plus petits qu'ils se rapprochent du milieu.

Hauteur, 25 millimètres; diamètre, 41 millimètres.

Rapports et différences. — Cette espèce sera toujours
reconnaissable à la structure de ses ambulacres pourvus de
granules très-réguliers sur les bords, beaucoup plus petits
et souvent épars au milieu, à la granulation fine, serrée,
abondante, non disposée en séries linéaires, qui occupe la
zone miliaire inter-ambulacraire.

Localité. — Montardit (Ariége). Rare. Éocène, groupe
nummulitique. — Coll. de M. l'abbé Pouech.

Explication des Figures. — Pl. VIII, fig. 8, *Cid. Sabaratensis*, vu de côté; fig. 9, ambulacre grossi.

15. Cidaris pseudo-serrata, Cotteau, 1862. Pl. II, fig. 17-22.

Radiole étroit, allongé, fortement comprimé, garni sur les bords, de dents épineuses très-apparentes, couvert de petites côtes longitudinales, plus ou moins granuleuses, et qui, dans certains exemplaires, se couvrent d'épines presque aussi saillantes que celles qui se montrent sur les bords; le nombre et l'aspect de ces côtes varient non-seulement suivant les individus, mais encore dans un même radiole, lorsqu'on observe l'une ou l'autre de ses faces. Collerette distincte, médiocrement développée, très-finement striée. Bouton court; anneau saillant; facette articulaire crénelée. Avec ces radioles se rencontrent associées quelques plaques isolées : les tubercules qu'elles supportent sont visiblement crénelés, et entourés d'un cercle scrobiculaire distinct. Les granules qui remplissent l'espace intermédiaire sont petits et écartés.

Rapports et différences. — Les radioles de cette espèce ont beaucoup de rapports avec ceux du *Porocidaris serrata* : ils en diffèrent cependant d'une manière constante par leur forme plus étroite, plus allongée, leur tige marquée sur les bords d'épines plus fortes, et couverte de côtes plus régulières et plus apparentes, leur collerette dépourvue de granules, leur bouton un peu plus allongé. Ces radioles, tout en présentant les caractères attribués aux *Porocidaris,* sont de véritables *Cidaris,* car les plaques qui les accompagnent ne présentent, dans le scrobicule, aucune trace de pores.

Localités. — Sabarat, Mas-d'Azil (Ariége). Abondant. Éocène, banc à Operculines. — Cassen (Landes). Rare. Terrain nummulitique inférieur, marnes à Térébratules. — Coll. de M. l'abbé Pouech, M. Delbos.

Explication des Figures. — Pl. II, fig. 17, plaque inter-ambulacraire du *C. pseudo-serrata*; fig. 18, 20, 21 et 22, diverses variétés de radioles, de la coll. de M. l'abbé Pouech; fig. 19, radiole grossi.

16. CIDARIS SUBULARIS, d'Archiac, 1846.

> *Cid. subularis*, d'Archiac, *Desc. des foss. des env. de
> Bayonne*, Mém. Soc. géol de France, 2ᵉ série, t. II,
> p. 206, pl. VII, fig. 17, 1846. — D'Archiac, *id.*,
> fig. 18, 1846. — *Cid. subularis*, d'Archiac, *Desc. des
> foss. du groupe nummulitique*, Mém. Soc. géol. de
> France, 2ᵉ série, t. III, p. 419, pl. X, fig. 4, 1850.
> — *Cid. semiaspera*, *id.* fig. 3, 1850. — *Cid. subu-
> laris*, Leym. et Cott., *loc. cit.*, p. 321, 1856. — *Cid.
> semiaspera*, *id.*

Associés aux radioles du *C. subularis*, se rencontrent des
fragments de test assez nombreux que nous n'hésitons pas à
rapporter à cette même espèce. Les zones porifères sont déprimées, peu flexueuses ; les pores paraissent unis par un
sillon, comme dans les *Rhabdocidaris* ; les ambulacres sont
étroits, garnis de quatre rangées de granules, celles du milieu
beaucoup plus fines que les autres, bien que très-régulières.
Les tubercules inter-ambulacraires sont entourés d'un cercle
scrobiculaire peu distinct ; la base du mamelon est dépourvue
de crénelures ; les granules qui remplissent la zone miliaire
sont fins et épars.

Le *C. semiaspera* se rencontre avec le *C. subularis*, et n'est,
suivant nous, qu'une variété à granules plus développés et
disposés en séries moins nombreuses.

Localités. — Biarritz, rocher du Goulet (Basses-Pyrénées);
Louer, à l'ouest de Montfort ; Angoumé, à l'ouest de Dax ;
Benesse, au sud de Dax (Landes). Abondant. Éocène, groupe
nummulitique, couche à *Serpula spirulæa* (Biarritz). — Coll.
d'Archiac, Raulin, Delbos, Pellat, Kœchlin-Schlumberger,
ma collection.

17. CIDARIS PRIONATA, Agassiz, 1846.

> D'Archiac, *Description des fossiles des environs de
> Bayonne*, Mém. Soc. géol. de France, 2ᵉ série, t. II,

p. 206, pl. VII, fig. 16, 1846. — *Cid. prionata*,
Agassiz et Desor, *Catal. rais. des Échin.*, Ann. Sc.
nat., 3ᵉ série, t. VI, p. 335, 1846. — *Id.*, d'Archiac,
Desc. des foss. du groupe numm., Mém. Soc. géol. de
France, 2ᵉ série, t. III, p. 419, pl. X, fig. 2, 1850.
— *Id.*, Leym. et Cott., *loc. cit*, p. 321, 1856.

Localité. — Bjarritz (Port-Vieux). Rare. Éocène, groupe
nummulitique, couche à *Eupatagus ornatus*. — Coll. d'Archiac, Kœchlin-Schlumberger, ma collection.

18. CIDARIS SUB-SERRATA, d'Archiac, 1850.

> *Cid. sub-serrata*, d'Archiac, *Desc. des foss. du groupe
> numm.*, Mém. Soc. géol. de France, 2ᵉ série, t. III,
> p. 420, pl. X, fig. 12, 1850. — *Id.*, Leym. et Cott.,
> *loc. cit.*, p. 321, 1856.

Localité. — Biarritz. Rare. Éocène, groupe nummulitique.
— Coll. d'Archiac.

19. CIDARIS STRIATO-GRANOSA, d'Archiac, 1850.

> *Cid. striato-granosa*, d'Archiac, *Desc. des foss. du
> groupe numm.*, Mém. Soc. géol. de France, 2ᵉ série,
> t. III, p. 420, pl. X, fig. 7, 1850. — *Cid. sub-cylin-
> drica*, d'Archiac, *id.*, fig. 8. — *Cid. striato-granosa*,
> Leym. et Cott., *loc. cit.*, p. 321, 1856.—*Cid. sub-cylin-
> drica, id.*, p. 322, 1856.

Le *C. sub-cylindrica* n'est sans doute qu'une variété plus
grosse, plus cylindrique et à granules plus fins du *C. striato-
granosa*, avec lequel on le rencontre associé.

Localité. — Biarritz (Port-Vieux). Assez abondant. Éocène,
groupe nummulitique, couches à *Eup. ornatus*. — Coll.
d'Archiac, Delbos, Kœchlin-Schlumberger, ma collection.

20. CIDARIS INTERLINEATA, d'Archiac, 1850.

> *Cid. interlineata*, d'Archiac, *Desc. des foss. du groupe*

numm., Mém. Soc. géol. de France, 2ᵉ série, t. III, p. 420, pl. X, fig. 10, 1850. — *Id.*, Leym. et Cott., *loc. cit.*, p. 322, 1856.

Il se pourrait que cette espèce, établie sur quelques fragments de radioles, ne fût qu'une variété du *Cid. subularis*, dont elle se rapproche beaucoup par la disposition de ses granules.

Localité. — Biarritz. Rare. Éocène, groupe nummulitique. — Coll. d'Archiac.

21. CIDARIS SUB-PRIONATA, A. Rouault, 1850.

Cid. sub-prionata, A. Rouault, *Foss. des env. de Pau*, Mém. Soc. géol. de France, 2ᵉ série, t. III, p. 467, pl. XIV, fig. 15, 1850. — *Id.*, Leym. et Cott., *loc. cit.*, p. 322, 1856.

Localité. — Bos d'Arros (Basses-Pyrénées). Rare. Éocène, groupe nummulitique. — Coll. Rouault.

22. CIDARIS RAULINI, Cotteau, 1863.

Radiole de taille moyenne, cylindrique, peu allongé, garni d'épines assez fortes, acérées, inégales, souvent comprimées, disposées en séries plus ou moins régulières. Vers le sommet du radiole, ces épines sont remplacées par des côtes saillantes, aiguës, presque lisses ; la tige alors s'étale et forme une corolle parfois très-développée et fortement dentelée sur les bords ; l'intérieur de la corolle est plus ou moins profond et paraît lisse. L'espace intermédiaire entre les épines qui couvrent la tige est lisse ou granuleux. Collerette distincte, finement striée. Bouton médiocrement développé ; anneau saillant, garni de stries plus apparentes que celles de la collerette ; facette articulaire étroite, non crénelée.

Cette jolie espèce offre quelque ressemblance avec les radioles du *C. Avenionensis*, Des Moulins, de la molasse de la Suisse et des environs d'Avignon ; elle s'en distingue par sa tige beaucoup moins longue, moins épaisse et garnie de plus fortes épines, par sa corolle plus large et sa facette articulaire plus étroite.

Localité. — Cazordite, au sud de Dax (Landes). Assez commun. Marnes à nummulites. — Coll. Raulin.

23. CIDARIS PAULENSIS, Cotteau, 1863.

Radiole de grande taille, allongé, cylindrique, garni de granules serrés, homogènes, formant des séries très-régulières, au nombre de vingt-sept. Dans l'échantillon que nous avons sous les yeux, le sommet de la tige, la collerette et le bouton sont inconnus.

Cette espèce rappelle les radioles du *Cid. Munsteri,* du terrain miocène de la colline de Turin. Elle s'en distingue par sa forme plus épaisse, ses granules plus fins, plus serrés et disposés en séries beaucoup plus nombreuses.

Localité. — Saint-Paul près Dax (Landes). Rare. Miocène, faluns de Saint-Paul. — Ma collection.

XIme Genre. SALENIA, GRAY, 1835.

24. SALENIA PELLATI, Cotteau, 1860.

Sal. Pellati, Cotteau, *Echin. nouv. ou peu connus,* 1re partie, p. 40, pl. VI, fig. 11-14, 1850.

En nous occupant de la famille des Salénidées, dans la Paléontologie française, nous avons insisté tout récemment sur l'intérêt qui s'attache à cette espèce, l'une des plus curieuses de la faune nummulitique, et qui paraît être le dernier représentant de la famille des Salénidées, qu'on avait cru, pendant longtemps, limitée aux terrains jurassique et crétacé.

Localité. — Biarritz (rocher du Goulet). Rare. Éocène, groupe nummulitique, couche à *Serpula spirulœa.* — Coll. Pellat, ma collection.

XIIme Genre. PYRINA, Des Moulins, 1837.

25. Pyrina Raulini, Cotteau, 1863, pl. III, fig. 1-3.

Espèce de très-grande taille, plus longue que large, épaisse et renflée sur les bords, déprimée au sommet, sub-pulvinée en dessous. Zones porifères étroites, composées de pores circulaires et serrés à la face supérieure, plus petits, plus espacés et disposés plus obliquement au fur et à mesure qu'ils se rapprochent du péristome. Ambulacres étroits et à fleur du test. Tubercules crénelés, perforés, abondants et sensiblement scrobiculés vers l'ambitus et dans la région infrà-marginale, plus espacés et plus superficiels à la face supérieure. Péristome, s'ouvrant au milieu de la face inférieure, allongé dans le sens du diamètre antéro-postérieur, sub-pentagonal, sensiblement oblique. Périprocte elliptique, acuminé à sa partie supérieure, légèrement arrondi à la base, marginal, non visible de la face supérieure. Appareil apicial allongé comme celui des Pyrines.

Hauteur, 28 millimètres; diamètre transversal, 40 millimètres; diamètre antéro-postérieur, 45 millimètres.

Rapports et différences. — Cette espèce se distingue très-nettement de ses congénères à sa grande taille, à sa forme épaisse et renflée sur les bords et déprimée au sommet, à son périprocte étroit et allongé. Sa présence dans le terrain tertiaire inférieur est, au point de vue de la distribution des Échinides, d'une grande importance; elle nous montre que le genre *Pyrina* et par conséquent la grande famille des Échinoconidées dont il fait partie, qui, d'après toutes les observations, paraissait s'éteindre avec les dernières assises du terrain crétacé, a continué d'exister au commencement de la période tertiaire.

Localité. — Villeneuve-de-Bosc (Ariége). Très-rare. Éocène, groupe nummulitique. — Coll. de M. l'abbé Pouech.

Expl. des Figures. — Pl. III, fig. 1, *Pyrina Raulini*, vu sur la région anale; fig. 2, face inf.; fig. 3, ambul. grossi.

XIIIme Genre. ECHINOCYAMUS, Van Phels, 1774.

Test de taille très-petite, épais, déprimé, oblong, renflé sur les bords. Ambulacres sub-pétaloïdes ; zones porifères formées de pores arrondis, non conjugués par un sillon. Tubercules petits, épars, crénelés, perforés, scrobiculés. Péristome s'ouvrant au milieu de la face inférieure, muni de mâchoires relativement très-hautes, entouré d'un léger floscelle. Périprocte ovale, arrondi, placé entre le péristome et le bord postérieur. Appareil apical compacte ?... L'intérieur du test présente dix cloisons qui correspondent aux aires inter-ambulacraires.

Le genre *Echinocyamus* commence à se montrer dans les couches les plus supérieures du terrain crétacé, et atteint son maximum de développement dans les terrains tertiaires avec lesquels il disparaît.

26. Echinocyamus Biarritzensis, Cotteau, 1856.

> *Echinoc. Biarritzensis*, Leym. et Cott., *loc. cit.*, p. 330, 1856.

M. Leymerie, sans doute par oubli, n'ayant pas compris cette petite espèce dans son envoi, il ne nous a pas été possible de la faire figurer ; nous renvoyons à la description du Catalogue de 1856.

Localité. — Biarritz (rocher du Goulet). Rarc. Éocène, groupe nummulitique, couche à *Serpula spirulœa.* — Coll. Leymerie.

XIVme Genre. SISMONDIA, Desor, 1857.

Test de petite et moyenne taille, sub-pentagonal ou ovoïde, déprimé, renflé sur les bords. Ambulacres pétaloïdes, ouverts à leur extrémité, très-longs, se prolongeant ordinairement jusqu'au bord ; zones porifères formées de pores ovales, distinctement conjugués par un sillon. Péristome s'ouvrant au milieu de la face inférieure, plus ou moins enfoncé, dépourvu de floscelle. Périprocte ovale, arrondi, placé en dessous, entre le péristome et le bord postérieur. Appareil apicial compacte? Quatre pores génitaux. L'intérieur du test présente de fortes cloisons hérissées de *Processus* et qui correspondent aux aires inter-ambulacraires.

Le genre *Sismondia* est spécial jusqu'ici au terrain tertiaire inférieur.

27. SISMONDIA PLANULATA, Desor, 1857 (*Echinocyamus*, d'Archiac, 1847).

> *Echinoc. planulatus*, d'Archiac in Agassiz et Desor, *Catal. rais. des Éch.*, Ann. Sc. nat., 3e sér., t. VII, p. 140, 1847. — *Id.*, d'Archiac, *Descr. des foss. du groupe numm.*, Mém. Soc. géol. de France, 2e sér., t. III, p. 422, pl. X, fig. 16, 1850 — *Id.*, Leym. et Cott., *loc. cit.*, p. 330, 1856.— *Sismondia planulata*, Desor, *Synops. des Éch. foss.*, p. 225, 1857.

En raison de sa forme aplatie et sub-pentagonale, cette espèce fait effectivement partie du genre *Sismondia* que M. Desor, dans le *Synopsis des Échinides fossiles*, a démembré avec raison des *Echinocyamus*.

M. Leymerie possède un échantillon chez lequel le périprocte est sensiblement rejeté à gauche; cette déviation est, sans aucun doute, le résultat d'une monstruosité.

Localité. — Biarritz (rocher du Goulet?). Très-rare. Éocène, groupe nummulitique. — Coll. d'Arch., Leymerie.

XVme Genre. SCUTELLA, LAMARCK, 1816.

Test de grande et moyenne taille, très-déprimé, en général un peu plus large que long, sub-onduleux et échancré sur les bords. Ambulacres pétaloïdes; zones porifères larges, fermées ou à-peu-près, à leur extrémité, composées de pores allongés. Sillons ambulacraires de la face inférieure très-apparents et plusieurs fois anastomosés. Péristome s'ouvrant au milieu de la face inférieure, circulaire, entouré d'une rosette de dix plaques cunéiformes et de cinq tubes buccaux. Périprocte petit, arrondi, infrà-marginal, plus ou moins éloigné du bord postérieur. Appareil apical compacte, stelliforme, remarquable par le développement de la plaque madréporiforme; quatre plaques génitales perforées. Le pourtour du test est caverneux à l'intérieur, mais dépourvu de cloisons.

Le genre *Scutella* caractérise le terrain tertiaire ; il commence à se développer dans les couches éocènes et abonde surtout dans l'étage miocène auquel on a cru pendant longtemps qu'il était spécial.

28. Scutella sub-tetragona, de Grateloup, 1836. Pl. III, fig. 4-5.

Scut. sub-tetragona, de Grat., *Ours. foss.*, p. 87, pl. I, fig. 4, 1836. — *Id.*, Des M., *Ét. sur les Éch.*, p. 435, 1837. — *Id.*, Agassiz, *Monog. des Scutelles*, p. 84, pl. XIX, fig. 7, 1841. — *Id.*, Delbos, *Essai d'une desc. géol. du bassin de l'Adour*, Mém. Soc. sc. phys. et nat. de Bordeaux, p. 317, 1855. — *Id.*, Leym. et Cott., *loc. cit.*, p. 329, 1856. — *Id.*, Desor, *Synops. des Éch. foss.*, p. 232, 1857.

Nous ne reviendrons pas sur la description que MM. de Grateloup et Agassiz ont donnée de cette espèce parfaitement caractérisée par sa petite taille, ses contours sinueux et anguleux, et l'étroitesse de son étoile ambulacraire. L'échantillon figuré par de Grateloup et plus tard par M. Agassiz est beaucoup plus long que large; le diamètre transversal est de 50 millimètres, et le diamètre antéro-postérieur de 37 seulement. Cette différence entre les deux diamètres ne doit pas être considérée comme une différence spécifique. Dans un exemplaire de M. Pellat que nous avons sous les yeux et dont la taille est plus forte, les proportions sont loin d'être les mêmes; le diamètre transversal est de 54 millimètres, tandis que le diamètre antéro-postérieur atteint 58 millimètres. Le périprocte marginal et parfaitement visible dans cet exemplaire, ne laisse aucun doute sur l'orientation que nous lui donnons.

M. de Grateloup indique comme gisement de cette espèce les faluns jaunes durcis des environs de Dax. Tous les auteurs ont reproduit cette indication, et dans notre Catalogue de 1856, le *Scutella sub-tetragona* est considéré comme appartenant au terrain miocène de Dax. La mention de ce gisement paraît être le résultat d'une erreur. En effet, des observations récentes et positives démontrent que cette curieuse espèce caractérise le terrain nummulitique de Biarritz, et qu'elle est propre à la couche à *Eupatagus ornatus* dans laquelle MM. Delbos, Kœchlin, Pellat et nous-même l'avons recueillie.

Le *S. sub-tetragona*, ainsi que le *S. Cailliaudi* de Machecoul (Loire-Inférieure), sont les deux seules espèces de Scutelles dont on ait signalé la présence dans le terrain éocène.

Localité. — Biarritz (Atalay, Port-Vieux, la Roche-Percée). Rare. Éocène, groupe nummulitique, couche à *Eupatagus ornatus.* — Coll. de Grateloup, Delbos, Pellat, Kœchlin-Schlumberger, ma collection.

Explication des Figures. — Pl. III, fig. 4, *Scut. sub-tetragona*, vu sur la face supérieure, de la collection de M. Pellat; fig. 5, ambulacre grossi.

29. Scutella sub-rotunda, Lamarck, 1816.

> *Scut. sub-rotunda*, Lamarck, *Anim. sans vert.*, t. III, p. 284, n° 14, 1816. — *Id.*, de Grateloup, *Ours. foss.*, p. 36, 1836. — *Id.*, Agassiz, *Monog. des Scutelles*, p. 76, pl. XVII, 1841. — *Id.*, Desor, *Synops. des Échin. foss.*, p. 232, pl. XXVIII, 1856. — *Scutella Paulensis*, Leym. et Cott., *loc. cit.*, p. 329, 1856.

Localité. — Environs de Dax (Landes). Rare. Terrain tertiaire miocène. — Ma collection.

Loc. autres que les Pyrénées. — Environs de Bordeaux (Gironde); Sardaigne.

XVIme Genre. CLYPEASTER , Lamarck , 1801.

Test de grande taille, en général elliptique, sub-pentagonal, plus ou moins élevé en dessus, sub-concave en dessous.
Ambulacres pétaloïdes, souvent renflés ; zones porifères très-
larges, fermées ou ouvertes à leur extrémité, composées de
pores allongés. Tubercules petits, crénelés, perforés, scrobiculés, serrés, abondants, épars. Péristome s'ouvrant au
milieu d'une cavité profonde de la face inférieure, arrondi ou
sub-pentagonal, muni d'un appareil masticatoire robuste.
Périprocte petit, infrà-marginal. Appareil apicial compacte,
stelliforme, remarquable par le développement de la plaque
madréporiforme ; cinq plaques génitales perforées. Intérieur
du test très-caverneux sur les bords, garni, dans l'emplace-
ment qui correspond aux aires ambulacraires, de cloisons,
d'aiguilles, de processus divers, et aussi de deux pivots auri-
culaires destinés à soutenir les mâchoires.

Le genre *Clypeaster* est propre au terrain tertiaire et à
l'époque actuelle.

30. Clypeaster altus, Lamarck , 1816.

> *Clyp. altus*, Lamarck, *Anim. sans vert.*, t. III, p. 14,
> n° 12, 1816. — *Id.*, de Grateloup, *Mém. sur les
> Ours. foss.*, p. 41, 1836. — *Id.*, Des Moulins, *Ét. sur
> les Échinides*, p. 216, n° 7, 1837. — *Id.*, Leym. et
> Cott., *loc. cit.*, p. 329, 1856. — *Id.*, Desor, *Synops.
> des Échin. foss.*, p. 240, 1857. — *Id.*, Michelin,
> *Monog. des Clyp. foss.*, Mém. Soc. géol. de France,
> 2e série, t. VII, p. 122, pl. XXV, fig. *a-g*, 1864.

Nous renvoyons, pour la description et la synonymie de
cette espèce, au beau travail que vient de publier M. Michelin,
dans les Mémoires de la Société géologique de France. Les
Clypeaster portentosus, Des Moulins, et *turritus*, Agassiz,
que nous avions considérés, dans notre Catalogue de 1856,
comme une variété du *Clyp. altus*, constituent une espèce

distincte, remarquable par l'élévation pyramidale des zones ambulacraires et l'étroitesse du sommet.

Localité. — Environs de Dax (Landes). Assez rare. Terrain miocène, molasses ossifères (Delbos). — Coll. de Grateloup, Michelin, École des Mines.

Loc. autres que les Pyrénées. — Bordeaux (Gironde); Oran (Algérie); San-Miniato (Toscane); îles de Corse, Sicile, Sardaigne, Malte, Caprée, Crète.

31. CLYPEASTER PORTENTOSUS, Des Moulins, 1837.

> *Clyp. portentosus*, Des Moul., *Ét. sur les Éch.*, p. 218, n° 14, 1837. — *Clyp. turritus*, *Cat. Syst. Ectyp. foss.*, p. 6, 1840. — *Clyp. Agassizi*, E. Sismonda, *Suppl. Éch. foss. del contado di Nizza*, p. 48, pl. II, fig. 5-7, 1843. — *Clyp. portentosus*, Michelin, *Monog. des Clyp. foss.*, Mém. Soc. géol. de France, 2e série, T. VII. p. 125, pl. XXVIII, fig. *a-e*, 1861.

Le *Clyp. portentosus*, que caractérise sa forme élevée et conique, presque aussi haute que large, est un des types les plus curieux du genre *Clypeaster*. Nous lui réunissons, comme l'a fait M. Michelin, les *Clyp. turritus* et *Agassizi*, qui appartiennent à la même espèce. Il en est de même du *Clyp. altus*, Marcel de Serres, 1829 (non Lamarck, 1816).

Localité. — Environs de Dax (Landes). Rare. Terrain Miocène. — Coll. de Grateloup, Des Moulins.

Loc. autres que les Pyrénées. — Eisenstadt (Hongrie); îles de Malte, Caprée.

32. CLYPEASTER MARGINATUS, Lamarck, 1816.

> *Clyp. marginatus*, Lam., *Anim. sans vert.*, t. III, p. 14, n° 16, 1816. — *Id.* de Grateloup, *Ours. foss.*, p. 40, 1836. — *Clyp. Tarbellianus*, de Grateloup, *Ours. foss.*, p. 40, pl. I, fig. 5 et 6, 1836. — *Clyp. marginatus et Tarbellianus*, Des Moul., *Ét. sur les Échin.*, p. 218, n° 10 et 12, 1837. — *Clyp. marginatus*,

Delbos, *Essai d'une descrip. géolog. du bassin de l'Adour*, Mém. Soc des sc. nat. de Bordeaux, t. 1, p. 325, 1855. — *Id.*, Leym. et Cott., *loc. cit.*, p. 329, 1856. — *Id.*, Desor, *Synops. des Échin. foss.*, p. 242, 1857. — *Id.*, Michelin, *loc. cit.*, p. 130, pl. XIX, fig. 1 *a-e*, 1861.

Localité. — Mimbaste près Dax, Sort, Narrosse, (Landes). Assez rare. Terrain miocène, molasse à Échinodermes (M. Delbos). — Coll. de Grateloup, Michelin, Des Moulins, Delbos.

Loc. autres que les Pyrénées. — Terrain miocène de Touraine; Bonifacio, Santa-Manza (Corse); Malte.

XVIIme Genre. CASSIDULUS, Lamarck, 1801.

Test de petite taille, oblong, convexe en dessus, déprimé en dessous. Ambulacres pétaloïdes ; zones porifères assez larges, lancéolées, composées de pores plus ou moins distinctement conjugués. Tubercules crénelés et perforés, petits et serrés à la face supérieure, plus gros et plus espacés à la face inférieure, laissant entre le péristome et le bord postérieur une bande finement granuleuse qui paraît presque lisse. Péristome un peu excentrique en avant, sub-pentagonal, étoilé, entouré d'un floscelle très-prononcé. Périprocte ovale, supère, placé à la face postérieure, au sommet d'un sillon évasé. Appareil apicial compacte.

Le genre *Cassidulus* se rencontre dans les couches supérieures de la craie et dans le terrain tertiaire inférieur.

33. Cassidulus ovalis, Cotteau, 1856. Pl. IV, fig. 1-6.

Cass. ovalis, Leym. et Cott., *loc. cit.*, p. 332, 1856.

Espèce oblongue, ovale, légèrement renflée en dessus, subconcave en dessous, arrondie en avant, tronquée obliquement en arrière. Sommet excentrique en avant. Ambulacres sensiblement pétaloïdes ; zones porifères composées à la face supérieure de pores très-inégaux, les internes ovales, sub-circulaires, les externes obliques, allongés, et tendant à rejoindre les premiers par un sillon. Un peu au-dessus de l'ambitus, les pétales s'interrompent brusquement ; les pores deviennent simples, beaucoup plus petits, sont disposés par paires obliques, et disparaissent au milieu des tubercules qui les recouvrent ; ils se montrent de nouveau près du péristome et forment un floscelle très-apparent. Tubercules abondants, scrobiculés, très-petits en dessus, augmentant sensiblement de volume aux approches du péristome. La face inférieure présente, dans le sens du diamètre antéro-postérieur, une bande dépourvue de tubercules, marquée çà et là de petites impressions irrégulières. Péristome un peu excentrique en avant, allongé dans le sens du diamètre antéropostérieur, entouré de cinq bourrelets saillants, granuleux, alternant avec des phyllodes porifères. Périprocte supramarginal, ovale, correspondant à une dépression assez sensible du test. Appareil apicial sub-pentagonal, remarquable par la grandeur de la plaque madréporiforme ; plaques génitales au nombre de quatre, largement perforées.

Hauteur, 10 millimètres ; diamètre transversal, 15 millimètres ; diamètre antéro-postérieur, 17 millimètres.

RAPPORTS ET DIFFÉRENCES. — Cette espèce se distingue très-nettement de ses congénères, et notamment du *C. lapiscancri*, par sa forme plus renflée, plus ovale, et tronquée moins obliquement, par son périprocte allongé, par sa face inférieure plus déprimée.

Localité.—Boussan (Haute-Garonne). Très-rare. Éocène?...
— Coll. Leymerie.

EXPLICATION DES FIGURES. — Pl. IV. fig. 1, *Cass. ovalis*, vu de côté ; fig. 2, face sup. ; fig. 3, face inf. ; fig. 4, côté anal ; fig. 4, ambulacre grossi ; fig. 6, péristome grossi.

XVIIIme Genre. ECHINANTHUS, BREYN, 1732.

Test de moyenne et grande taille, oblong, plus ou moins renflé en dessus, sub-déprimé en dessous. Ambulacres pétaloïdes, largement ouverts à leur extrémité, inégaux, les postérieurs plus allongés que les autres ; zones porifères formées de pores oblongs, conjugués par un sillon. Tubercules fins et serrés. Péristome excentrique en avant, stelliforme, quelquefois transversalement allongé, entouré d'un floscelle toujours apparent. Périprocte ovale, marginal ou suprà-marginal, placé au sommet d'un sillon qui s'évase en s'atténuant et se prolonge à la face inférieure. Appareil apicial compacte.

Toutes les espèces proviennent du terrain tertiaire, à l'exception d'une seule, qui appartient au terrain crétacé supérieur. Quinze espèces ont été rencontrées dans le terrain nummulitique des Pyrénées.

34. ECHINANTHUS SCUTELLA, Desor, 1857. (*Cassidulus*, Lam., 1816.)

    Cassid. scutella, Lam., *Anim. sans vert.*, t. III, p. 35, n° 1, 1816. — *Nucl. scutella*, Goldfuss, *Petref. Germaniæ*, t. I, p. 144, pl. XLIII, fig. 14, 1826. — *Pygorhynchus scutella*, Agassiz, *Catal. syst. Ectyp. foss.*, p. 4, 1840. — *Id.*, Leym. et Cott., *loc. cit.*, p. 332, 1856. — *Echin. scutella*, Desor, *Synops. des Échin. foss.*, p. 293, 1857.

Localités. — Saint-Martory, Fréchet (Haute-Garonne). Assez rare. Éocène. — Coll. Leymerie.

Loc. autres que les Pyrénées. — Nice (Alpes maritimes); Monte Baldo près Vérone ; sables tertiaires de Hereford, en Westphalie.

35. ECHINANTHUS DELBOSII, Desor, 1857. (*Pygorhynchus*, Desor, 1847.)

    Pygorh. Delbosii, Desor, *Catal. rais. des Échin.*, Ann. Sc. nat., 3ᵉ série, t. VII, p. 161, 1847. — *Id.*, d'Archiac, *Desc. des foss. du groupe numm.*, Mém. Soc. géol. de France, 2ᵉ série, t. III, p. 422, pl. XI, fig. 1, 1850. — *Id.*, Leym. et Cott., *loc. cit.*, p. 332, 1856. — *Echin. Delbosii*, Desor, *Synops. des Éch. foss.*, p. 294, 1857.

Localités. — Alaric (Aude); Montfort (Landes). Rare.
Éocène. — Coll. Delbos.

36. ECHINANTHUS SOPITIANUS, Desor, 1857 (*Pygorhynchus*,
 d'Arch., 1846).

> *Pygorh. Sopitianus,* d'Archiac, *foss. des environs de
> Bayonne,* Mém. Soc. géol. de France, 2ᵉ sér., t. II,
> p. 203, pl. VI, fig. 5, 1846. — *Id.,* Delbos, *Essai
> d'une descr. géolog. du bass. de l'Adour,* Mém. Soc.
> des sc. phys. et nat. de Bordeaux, t. I, p. 315, 1855.
> — *Id.,* Leym. et Cott., *loc. cit.,* p. 333, 1856. — *Ech.
> Sopitianus,* Desor, *Synops. des Éch. foss.,* p. 294,
> 1857.

Localité. — Biarritz (moulin de Sopite, au-dessus du
rocher du Goulet). Assez rare. Éocène, groupe nummulitique,
couche à *Serpula spirulæa.* — Collection d'Archiac, Delbos,
Pellat, Triger.

37. ECHINANTHUS HEPTAGONUS, Desor, 1857 (*Nucleolites,* de
 Grateloup, 1836).

> *Nucl. heptagona,* de Grateloup, *Ours. foss.,* p. 80,
> pl. II, fig. 20, 1836. — *Id.,* Des Moulins, *Ét. sur
> les Éch.,* p. 362, nº 24, 1837. — *Pygorh. hepta-
> gonus,* Agassiz et Desor, *Catal. rais. des Ech.,* Ann.
> sc. nat., 3ᵉ sér., t. VII, p. 161, 1847. — *Id.,* d'Ar.,
> *Desc. des foss. du groupe numm.,* Mém. Soc. géol. de
> France, 2ᵉ sér., t. III, p. 426, 1850. — *Id.,* Leym.
> et Cott., *loc. cit.,* p. 333, 1856. — *Echin. hepta-
> gonus,* Desor, *Synops. des Éch. foss.,* p. 295, 1857.

Nous ne connaissons cette espèce que par la figure assez
médiocre donnée par M. de Grateloup.

Localité. — Montfort (Landes). Rare. Éocène.— Collect.
de Grateloup.

38. ECHINANTHUS WRIGHTI, Cotteau, 1863 (*Pygorhynchus,*
 Cott., 1856). Pl. V, fig. 4-7.

Pygorh. Wrighti, Leym. et Cott., *loc. cit.,* p. 333, 1856.
— *Id.,* Desor, *Synops. des Éch. foss.,* p. 299, 1857.

Espèce de petite taille, épaisse, renflée, un peu plus longue que large, arrondie en avant, légèrement dilatée et sub-tronquée en arrière ; face inférieure pulvinée, déprimée au milieu. Sommet ambulacraire excentrique en avant. Ambulacres larges et pétaloïdes. Zones porifères formées de pores presque égaux, les externes un peu plus oblongs et plus obliques que les autres. Périprocte elliptique comme celui des *Echinanthus,* s'ouvrant à la face postérieure, au-dessus du bord, sans aucune trace de sillon anal. Péristome sub-pentagonal, étoilé, entouré d'un floscelle apparent, excentrique en avant. Appareil apicial pentagonal, un peu allongé ; quatre pores génitaux.

Hauteur, 14 millimètres ; diamètre transversal, 21 millimètres ; diamètre antéro-postérieur, 23 millimètres.

Rapports et différences.— L'*Ech. Wrighti* sera toujours facilement reconnaissable à sa petite taille, à sa forme oblongue, épaisse et renflée, à la largeur de ses ambulacres, à sa face inférieure pulvinée ; sa physionomie générale le rapproche, au premier aspect, de certaines variétés du *Pygorh. Grignonensis ;* il s'en distingue nettement par son périprocte elliptique et non transversal.

Localité. — Alaric (Aude). Rare. Éocène.—Coll. Leymerie.

Expl. des Figures. — Pl. V, fig. 4, *Échin. Wrighti,* vu de côté ; fig. 5, face sup.; fig. 6, côté anal.; fig. 7, appareil apicial et ambulacres grossis.

39. Echinanthus sub-rotundus, Desor, 1857 (*Pygorhynchus,* Cotteau, 1856). Pl. III, fig. 6-9.

Pygorh. sub-rotundus, Leym. et Cott., *loc. cit.,* p. 334, 1856. — *Echin. sub-rotundus,* Desor, *Synops. des Éch. foss.,* p. 293, 1857.— *Id.,* d'Archiac, *Note sur les foss. recueil. par M. Pouech, Bull. Soc. géol. de France.* 2e série, t. XVI, p. 798 et 807, 1859.

Espèce de taille très-variable, sub-circulaire, épaisse sur les bords, uniformément renflée en dessus; face inférieure presque plane, légèrement concave au milieu. Sommet ambulacraire excentrique en avant. Ambulacres pétaloïdes allongés, très-ouverts à leur extrémité; zones porifères étroites, formées de pores inégaux, les externes arrondis, les autres ovales et plus obliquement disposés. Tubercules abondants, très-petits, scrobiculés surtout dans la région infrà-marginale. Péristome excentrique en avant, pentagonal, étoilé, transversalement allongé, entouré d'un floscelle très-apparent. Périprocte elliptique, plus ou moins large, suprà-marginal, s'ouvrant au sommet d'un sillon anal qui échancre légèrement l'ambitus.

L'*E. sub-rotundus* présente plusieurs variétés qu'il importe de signaler : l'exemplaire que nous figurons et qui a servi de type à l'espèce est remarquable par sa taille peu développée, son ambitus presque circulaire, sa face supérieure déprimée et sa face inférieure sub-concave. D'autres échantillons que nous avons sous les yeux acquièrent des dimensions beaucoup plus grandes; le sommet devient plus conique et plus renflé, et la face postérieure plus dilatée.

Type de l'espèce — Hauteur, 21 millimètres, diamètre transversal et antéro-postérieur, 46 millimètres.

Individu de grande taille : hauteur, 31 millimètres; diamètre transversal, 77 millim.; diamètre antéro-postérieur, 78 millimètres.

Rapports et différences. — Cette espèce, malgré les variations qu'elle éprouve dans sa taille et même quelquefois dans sa forme générale, sera toujours reconnaissable à son ambitus sub-circulaire, à sa face supérieure épaisse et arrondie sur les bords, à son sommet ambulacraire, excentrique en avant, à ses pétales presque droits, allongés, largement ouverts à leur extrémité, à son péristome transversal.

Localités. — Martres, Saint-Marcel (Haute-Garonne); Sabarat, Camarade, le Mas-d'Azil, massif de la Grotte

(Ariége). Assez abondant. Éocène. — Coll. Leym., Noguès, Pouech, ma collection.

Explication des Figures. — Pl. III, fig. 6, *Echin. subrotundus*, vu sur le côté anal; fig. 7, face supérieure; fig. 8, ambul. grossi; fig. 9, péristome.

40. Echinanthus latus, Desor, 1857 (*Pygorhynchus*, Cotteau, 1856).

> *Pygorh. latus,* Leym. et Cott., *loc. cit.*, p. 334, 1856.
> — *Echin. latus,* Desor, *Synops. des Éch. foss.*, p. 292, 1857.

Cet *Echinanthus* déjà décrit dans notre Catalogue de 1856, constitue certainement une espèce particulière que caractérisent sa forme dilatée plus longue que large, sa face supérieure médiocrement renflée et sub-carénée dans la région postérieure, son sommet ambulacraire excentrique en avant, ses ambulacres étroits, saillants, légèrement costulés, son périprocte suprà-marginal s'ouvrant au sommet d'un sillon qui s'élargit et échancre sensiblement l'ambitus. Voisin de l'*Ech. Cuvieri*, l'*Ech. latus* s'en distingue par sa taille plus forte, son ensemble plus carré, ses ambulacres plus étroits et sa face postérieure plus sensiblement rostrée. Nous ne connaissons que trois échantillons de cette espèce : le type dont l'origine est inconnue, mais qui, suivant toute probabilité, provient du terrain éocène et appartient à la faune pyrénéenne, et deux autres exemplaires recueillis l'un à Sabarat et l'autre à Montardit (Ariége).

Collect. Leymerie et Pouech.

41. Echinanthus Archiaci, Cotteau, 1863. Pl. IV, fig. 7-8.

Espèce de taille moyenne, sub-circulaire, arrondie en avant, très-légèrement dilatée en arrière; face supérieure sub-conique, fortement déclive dans la région antérieure et sur les côtés, plus renflée et sub-carénée en arrière; face inférieure plane. Sommet un peu excentrique en avant. Am-

bulacres pétaloïdes, allongés, presque droits, largement ouverts à leur extrémité; zones porifères étroites; pores externes
plus ovales et plus obliques que les autres. Péristome excentrique en avant, s'ouvrant presque à fleur du test, pentagonal, étoilé. Périprocte suprà-marginal.

Hauteur, 28 millimètres; diamètre transversal, 51 millimètres; diamètre antéro-postérieur, 52 millim. $^1/_2$

Rapports et différences. — Par la structure et la disposition de ses ambulacres, cette espèce se rapproche un peu
de l'*Ech. sub-rotundus*; elle en diffère par sa face supérieure
beaucoup plus renflée, sub-conique, par son sommet moins
excentrique, son ambitus moins arrondi, sa face inférieure
plane, son péristome plus régulièrement pentagonal.

Localité. — Lieurac (Ariége). Rare. Éocène, groupe nummulitique. — Coll. de M. l'abbé Pouech.

Explication des Figures. — Pl. IV, fig. 7, *Echin. Archiaci*,
vu de côté; fig. 8, face supérieure.

42. Echinanthus Pouechi, Cotteau, 1863. Pl. IV, fig. 9-10.

Espèce de taille assez grande, plus longue que large, assez
régulièrement ovale; face supérieure uniformément déprimée; face inférieure presque plane. Sommet excentrique en
avant. Ambulacres pétaloïdes, allongés, droits, largement
ouverts à leur extrémité; zones porifères, peu développées;
pores externes beaucoup plus étroits et plus obliques que les
autres. Tubercules petits, serrés, très-abondants, entourés,
à la face inférieure, d'un scrobicule plus apparent. Péristome
excentrique en avant, pentagonal, étoilé, sensiblement transversal, muni d'un floscelle très-prononcé. Périprocte elliptique suprà-marginal, échancrant l'ambitus.

Hauteur, 10 millimètres; diamètre transversal, 57 millimètres; diamètre antéro-postérieur, 66 millimètres.

Nous rapportons provisoirement à cette même espèce un
échantillon de taille beaucoup plus forte, recueilli à Sabarat
par M. l'abbé Pouech : son diamètre antéro-postérieur est de

83 millimètres, et son diamètre transversal de 74 millimètres ; ses ambulacres étroits et largement ouverts à leur extrémité, sont surtout remarquables par leur étendue ; ils
couvrent la face supérieure et se prolongent presque jusqu'à
l'ambitus.

Localités. — Mas-d'Azil, Rayssac (Ariége). Rare. Éocène,
groupe nummulitique. — Coll. de M. l'abbé Pouech.

Explication des Figures. — Pl. IV, fig. 9, *Ech. Pouechi*, vu
de côté ; fig. 10, face supérieure.

43: Echinanthus testudinarius, Desor, 1857. (*Cassidulus*,
    Brongniart). Pl. IV, fig, 11-14.

> *Cassid. testudinarius*, Brong., *Terrains du Vicent.*,
>   p. 83, pl. V, fig. 15. — *Echin. testudinarius*, Desor,
>   *Synops, des Éch. foss.*, p. 293, 1857. — *Id.*, d'Ar-
>   chiac, *Note sur les foss. recueillis par M. l'abbé Pouech*,
>   Bull. Soc. géol. de France, 2ᵉ série, t. XVI, p. 804,
>   1859.

Espèce de petite taille, ovale, un peu étroite en avant,
sub-dilatée en arrière ; face supérieure déprimée, régulièrement convexe ; face inférieure concave au milieu. Sommet
excentrique en avant. Ambulacres sub-pétaloïdes, étroits,
allongés, à fleur du test, très-ouverts à leur extrémité ; zones
porifères formées de pores égaux, rapprochés. Tubercules
très-petits, abondants, scrobiculés dans la région infrà-marginale. Péristome excentrique en avant, étoilé, pentagonal.
Périprocte elliptique, suprà-marginal, s'ouvrant au sommet
d'un canal qui entame légèrement l'ambitus. Appareil apicial
granuleux, remarquable par le développement de la plaque
madréporiforme.

Hauteur, 11 millimètres ; diamètre transversal, 22 millimètres ; diamètre antéro-postérieur, 25 millimètres.

M. l'abbé Pouech nous a communiqué quelques exemplaires de cette espèce relativement moins allongés, plus épais,
plus arrondis sur les bords, et de taille un peu plus forte que

celui que nous venons de décrire; ils ne nous ont pas paru pouvoir en être spécifiquement distingués.

RAPPORTS ET DIFFÉRENCES. — Cette petite espèce, que nous croyons devoir réunir à l'*Ech. testudinarius* du Vicentin, se reconnaîtra toujours facilement à sa taille, à sa forme ovale, à ses ambulacres grêles et allongés, à son périprocte situé au sommet d'un sillon anal très-apparent.

Localités. — Sabarrat, Saint-Jean de Verges (Ariége). Rare. Éocène, groupe nummulitique. — Collect. de M. l'abbé Pouech.

Loc. autres que les Pyrénées. — Terrain tertiaire inférieur du Vicentin.

EXPLICATION DES FIGURES. — Pl. IV, fig. 11, *Ech. testudinarius*, vu de côté; fig. 12, face supérieure; fig. 13, côté anal; fig. 14, ambulacre grossi.

44. ECHINANTHUS PYRENAICUS, Cotteau, 1863. Pl. V, fig. 1-3.

Espèce de taille moyenne, plus longue que large, assez régulièrement ovale, arrondie en avant, un peu dilatée et sub-rostrée en arrière; face supérieure haute, uniformément bombée, épaisse sur les bords; face inférieure presque plane, sub-pulvinée. Sommet ambulacraire excentrique en avant. Ambulacres pétaloïdes, relativement assez larges, les postérieurs plus étendus; zones porifères moins développées que l'intervalle qui les sépare, pores externes plus obliques et plus allongés que les autres. Tubercules petits, serrés, scrobiculés, très-abondants. Péristome excentrique en avant. Périprocte suprà-marginal, étroit, elliptique, s'ouvrant au sommet d'un sillon anal très-apparent, sub-caréné sur les bords.

Hauteur, 23 millimètres; diamètre transversal, 40 millimètres; diamètre antéro-postérieur, 45 millimètres.

RAPPORTS ET DIFFÉRENCES. — Cette espèce, qu'on rencontre associée à l'*Echin. sub-rotundus*, s'en distingue nettement par sa forme plus allongée et sa face supérieure plus

renflée, sa base plus plane et légèrement pulvinée, son périprocte plus étroit et s'ouvrant au sommet d'un sillon anal plus
apparent, sub-caréné sur les bords.

Localité. — Sabarat (Ariége). Éocène, groupe nummulitique. — Coll. de M. l'abbé Pouech.

EXPLICATION DES FIGURES. — Pl. V, fig. 1, *Echin. Pyrenaicus*,
vu de côté; fig. 2, face supérieure; fig. 3, périprocte et sillon
anal.

45. ECHINANTHUS ATAXENSIS, Cotteau, 1863. Pl. V, fig. 8-11.

Espèce de taille moyenne, sub-circulaire, aussi large que
longue, arrondie et un peu échancrée en avant, légèrement
sub-rostrée en arrière; face supérieure médiocrement renflée, sub-carénée dans la région postérieure; face inférieure
pulvinée, fortement déprimée au milieu et en arrière. Sommet ambulacraire un peu excentrique en avant. Ambulacres
pétaloïdes, étroits, effilés, les postérieurs un peu plus longs
que les autres. Zones porifères peu développées, formées de
pores inégaux; dans les ambulacres pairs postérieurs, la zone
porifère antérieure est sensiblement plus large; ce caractère
existe chez un grand nombre d'*Echinanthus,* mais nulle part il
n'est aussi apparent que dans l'espèce qui nous occupe. Tubercules petits, serrés, scrobiculés, abondants. Péristome excentrique en avant. Périprocte ovale, s'ouvrant à la face postérieure qui est tronquée verticalement, au sommet d'un sillon
assez prononcé. Appareil apicial sub-circulaire; quatre pores
génitaux, les deux antérieurs plus rapprochés que les autres;
plaques ocellaires petites, sub-triangulaires; plaque madréporiforme très-développée.

Hauteur, 15 millimètres?... diamètre transversal, 39 millimètres; diamètre antéro-postérieur, 40 millimètres.

RAPPORTS ET DIFFÉRENCES. — Cette espèce, par sa taille,
sa physionomie générale et la dépression de sa face inférieure,
rappelle l'*Echin. Cuvieri* du bassin parisien; elle en diffère
bien nettement par sa forme plus large et plus dilatée, sa face

7

postérieure tronquée plus verticalement, ses ambulacres plus étroits, plus effilés, toujours à fleur du test, et l'inégalité si apparente des zones porifères des ambulacres postérieurs.

Localités. — Sabarat (Ariége); Boussan (Haute-Garonne)? chemin de la Rougeanne à Alzonne (Aude). Assez rare. Éocène, groupe nummulitique. — Coll. d'Archiac, Leymerie, Pouech.

Explication des Figures. — Pl. V, fig. 8, *Echin. Alaxensis*, vu de côté; fig. 9, face sup.; fig. 10, côté anal; fig. 11, ambulacre postérieure grossi.

46. Echinanthus Rayssacensis, Cotteau, 1863.

Espèce de taille moyenne, sub-circulaire, étroite et arrondie en avant, dilatée et quelquefois sub-rostrée en arrière; face supérieure médiocrement renflée, épaisse sur les bords; face inférieure déprimée, sub-pulvinée. Sommet ambulacraire excentrique en avant. Ambulacres pétaloïdes, assez larges, les postérieurs plus longs que les autres. Tubercules petits, serrés, abondants, scrobiculés, plus espacés et plus apparents en se rapprochant du péristome. Péristome très-excentrique en avant, étoilé, pentagonal, presque aussi haut que large. Périprocte elliptique, assez élevé.

Hauteur, 18 millimètres; diamètre transversal, 48 millimètres; diamètre antéro-postérieur, 50 millimètres.

Rapports et différences. — Il ne nous a pas paru possible de rapporter cet *Echinanthus* à aucune des nombreuses espèces que nous venons de décrire; celle dont il se rapproche le plus est l'*Echin. sub-rotundus*; il en diffère bien nettement par sa forme générale moins circulaire, plus étroite en avant, plus dilatée en arrière, par sa face inférieure plus sensiblement pulvinée, et son péristome plus régulièrement pentagonal.

Localité. — Rayssac (Ariége). Assez abondant. Éocène, groupe nummulitique. — Coll. de M. l'abbé Pouech.

47. Echinanthus Biarritzensis, Cotteau, 1863, Pl. IX, fig. 2-3.

Espèce de taille moyenne, allongée, étroite et arrondie en

avant, un peu dilatée et sub-rostrée en arrière ; face supérieure très-médiocrement renflée, présentant dans la région postérieure les traces atténuées d'une carène ; face inférieure pulvinée, épaisse sur les bords surtout en arrière, fortement déprimée autour du péristome. Sommet ambulacraire excentrique en avant. Ambulacres pétaloïdes assez larges, se rétrécissant à leur extrémité, les postérieurs un peu plus longs que les autres. Zones porifères étroites, formées de pores presque égaux ; les pores externes, cependant, sont toujours un peu plus allongés que les autres. Dans les ambulacres pairs postérieurs, la zone porifère antérieure est visiblement plus large que la zone postérieure. Péristome excentrique en avant, entouré d'un floscelle apparent, s'ouvrant dans une dépression assez profonde du test. Périprocte ovale, situé à la face postérieure, au sommet d'un sillon. Appareil apical sub-circulaire ; quatre pores génitaux ; plaque madréporiforme très-développée.

Hauteur, 15 millimètres ; diamètre transversal, 32 millimètres ; diamètre antéro-postérieur, 40 millimètres.

RAPPORTS ET DIFFÉRENCES. — L'*Echin. Biarritzensis* rappelle, par sa forme générale, l'*Echin. Pyrenaicus* ; il en diffère par sa forme plus déprimée, sa face postérieure plus sensiblement rostrée, sa face inférieure plus pulvinée sur les bords et plus déprimée au milieu ; ce sont deux espèces parfaitement distinctes.

Localité. — Biarritz (extrémité sud de la falaise). Éocène, groupe nummulitique, 2e étage. — Coll. Delbos.

EXPLICATION DES FIGURES. — Pl. IX, fig. 2, *Ech. Biarritzensis*, de la collection de M. Delbos, vu sur la région anale ; fig. 3, face supérieure.

48. ECHINANTHUS PELLATI, Cotteau, 1863, pl. IX, fig. 1.

Espèce de grande taille, allongée, ovale, à-peu-près également arrondie et dilatée en avant et en arrière ; face supérieure médiocrement renflée, présentant dans la région postérieure les traces très-atténuées d'une carène ; face inférieure plane, fortement déprimée, sub-concave. Sommet ambulacraire sub-central. Ambulacres pétaloïdes, larges, égaux entre eux, presque fermés à leur extrémité, cessant d'être pétaloïdes à peu de distance de l'ambitus. Zones porifères assez développées, beaucoup moins cependant que l'intervalle qui les sépare, formées de pores très-inégaux, obliques, les externes étroits et allongés, les internes courts et arrondis; dans les ambulacres pairs postérieurs, les zones porifères antérieures sont à-peu-près de même largeur que les autres. Périprocte ovale, à fleur du test, suprà-marginal. Appareil apical petit, sub-circulaire; quatre pores génitaux, les deux antérieurs très-rapprochés, les deux autres fortement espacés; plaque madréporiforme très-développée.

Hauteur, 28 millimètres; diamètre transversal, 72 millimètres; diamètre antéro-postérieur, 95 millimètres.

Rapports et différences. — Cette magnifique espèce, la plus grande que renferme le genre *Echinanthus,* se distingue nettement de ses congénères par sa taille, sa forme allongée et déprimée, son sommet central, ses pétales ambulacraires largement développés, presque fermés à leur extrémité, son périprocte suprà-marginal, s'ouvrant à fleur du test. Malheureusement le seul exemplaire que nous connaissons n'est pas intact, et il ne nous a pas été possible d'indiquer la place et la forme du péristome. Ce nouvel *Echinanthus* a été découvert tout récemment par M. Pellat auquel nous sommes heureux de le dédier.

Localité. — Biarritz (rocher du Goulet). Éocène, groupe nummulitique, couche à *Serpula spirulæa.* — Coll. Pellat.

Explication des Figures. — Pl. IX, fig. 1, *Echinanthus Pellati,* de la collection de M. Pellat, vu sur la face supérieure.

XIXme Genre. PYGORHYNCHUS, Agassiz, 1839.

Test de moyenne taille, oblong, renflé en dessus, déprimé en dessous. Ambulacres pétaloïdes, largement ouverts à leur extrémité, inégaux, les postérieurs plus allongés que les autres ; zones porifères souvent très-étroites et formées de pores conjugués par un sillon à peine apparent. Tubercules fins et serrés, laissant à la face inférieure, entre le péristome et le bord postérieur, une bande médiane qui paraît lisse, mais qui en réalité est recouverte de petits granules. Péristome excentrique en avant, transversal, entouré d'un floscelle distinct. Périprocte suprà-marginal, transversal, souvent recouvert par une légère saillie du test. Appareil apicial compacte.

Le genre *Pygorhynchus* est exclusivement propre au terrain tertiaire.

49. Pygorhynchus Grignonensis, Agassiz, 1840 (*Nucleolites*, Defrance, 1825).

> *Nucleol. Grignonensis*, Defrance, *Dict. des sc. natur.*, t. XXXV, p. 214, 1825. — *Pygorh. Grignonensis*, Agassiz, *Catal. syst. Ectyp. foss.*, p. 4, 1840.

Les exemplaires de cette espèce recueillis à Biarritz diffèrent de ceux qu'on rencontre dans le bassin parisien par leur forme plus renflée, leur périprocte plus élevé et leur péristome s'ouvrant dans une dépression un peu plus profonde ; cependant nous n'avons pas cru devoir en faire un type à part. Nous avons sous les yeux des échantillons recueillis à Grignon même, et qui tendent, par leur forme renflée et leur périprocte éloigné du bord, à se rapprocher de nos individus de Biarritz.

Localités. — Biarritz (rocher du Goulet); Bayonne (route de Villefranque); couche à *Serpula spirulæa ;* montagnes des Corbières (Aude). Rare. Éocène, groupe nummulitique. — Coll. Pellat, Delbos, Leymerie, ma collection.

Loc. autres que les Pyrénées. — Grignon, Parnes (environ de Paris).

50. Pygorhynchus Desorii, d'Arch., 1850. Pl. V, fig. 12-13.

> *Pygorh. Desorii*, d'Archiac, *Descr. des foss. du groupe*

numm., Mém. Soc. géolog. de France, 2ᵉ sér., t. III,
p. 422, pl. X, fig. 18, 1850. — *Id.*, Leym. et Cott.,
loc. cit., p. 333, 1856. — *Id.*, Desor, *Synops. des
Éch. foss.*, p. 298, 1857.

M. d'Archiac, lorsqu'il a établi cette espèce n'avait à sa
disposition qu'un exemplaire de petite taille et mal conservé.
Les individus que nous a communiqués M. Pellat sont beaucoup plus développés, d'une conservation parfaite, et nous
permettent de compléter la description donnée par M. d'Archiac.

Espèce de taille moyenne, sub-circulaire, arrondie en
avant, très-légèrement rostrée en arrière; face supérieure
renflée, uniformément bombée; face inférieure plane, déprimée autour du péristome. Sommet ambulacraire un peu excentrique en avant. Ambulacres allongés, grêles, étroits;
zones porifères formées de pores égaux, sub-circulaires,
très-rapprochés, disposés obliquement et ne paraissant pas
unis par un sillon, Tubercules abondants, serrés, scrobiculés, laissant à la face inférieure, dans le sens du diamètre
antéro-postérieur, une bande lisse, sub-granuleuse, apparente surtout entre le péristome et le bord postérieur. Péristome transversal, entouré d'un floscelle, s'ouvrant dans une
dépression profonde. Périprocte suprà-marginal, transversal.

Hauteur, 22 millimètres; diamètre transversal, 38 millimètres $^1/_2$; diamètre antéro-postérieur, 40 millimètres.

RAPPORTS ET DIFFÉRENCES. — Cette belle espèce, parfaitement caractérisée par sa forme sub-circulaire, ses ambulacres
grêles, étroits, allongés, ses pores très-rapprochés les uns
des autres et à peine conjugués, ne saurait être confondue
avec aucune de ses congénères.

Localités. — Biarritz (rocher du Goulet). Rare. Éocène,
groupe nummulitique, couche à *Serpula spirulæa*. — Coll.
d'Archiac, Pellat.

EXPL. DES FIGURES. — Pl. V, fig. 12, *Pygorh. Desorii*, vu sur la
face inférieure; fig. 13, ambulacre grossi.

XXme Genre. ECHINOLAMPAS, GRAY, 1835.

Test de grande et moyenne taille, sub-circulaire ou oblong, plus ou moins renflé en dessus, déprimé en dessous. Ambulacres pétaloïdes, souvent bombés, ouverts à leur extrémité, inégaux, les postérieurs plus allongés que les autres; zones porifères formées de pores conjugués par un sillon. Tubercules fins, serrés, homogènes. Péristome excentrique en avant, transversal ou pentagonal, pourvu d'un floscelle médiocrement développé. Périprocte infrà-marginal, transversal, ovale ou sub-triangulaire. Appareil apicial compacte.

Le genre *Echinolampas* a commencé à se montrer dans le terrain crétacé où il est fort rare. Il est très-abondamment répandu dans les différents étages des terrains tertiaires, et compte une espèce vivant dans les mers actuelles.

51. ECHINOLAMPAS SUB-SIMILIS, d'Archiac, 1846.

> *Echin. sub-similis*, d'Arch., *Foss. des env. de Bayonne*,
> Mém. Soc. géol. de France, 2ᵉ série, t. II, p. 204,
> pl. VI, fig. 4, 1846. — *Id.*, d'Archiac, *Desc. des*
> *foss. numm.*, Mém. Soc. géol. de France, 2ᵉ sér.,
> t. III, p. 423, pl. X, fig. 19, 1850. — *Id.*, Leym. et
> Cott., *loc. cit.*, p. 334, 1856. — *Id.*, Desor, *Synops.*
> *des Éch. foss.*, p. 305, 1857.

Le type de cette espèce figuré par M. d'Archiac, est de petite taille, presque aussi large que long et uniformément renflé. La plupart des exemplaires que nous connaissons diffèrent par leur taille plus forte, leur forme plus allongée et leur face supérieure ordinairement plus haute en avant qu'en arrière; néanmoins nous n'hésitons pas à les réunir à la même espèce.

Nous rapportons également à l'*Ech. sub-similis* un exemplaire recueilli tout récemment par M. Pellat et qui paraît s'en éloigner davantage encore; il est remarquable par sa grande taille, sa forme renflée en avant, dilatée et obliquement déclive en arrière, ses ambulacres plus droits et plus largement ouverts à leur extrémité. Malgré ces différences nous n'y voyons qu'une variété de l'espèce qui nous occupe.

Ce n'est pas sans quelque hésitation que nous considérons comme appartenant à cette même espèce, l'*Ech. sub-similis* de Saint-Palais près Royan. Sa forme est constamment plus courte, son ambitus plus arrondi, et sa face inférieure beaucoup moins déprimée au milieu. Peut-être serait-il naturel de séparer les deux espèces?... Dans ce cas, c'est aux exemplaires de Biarritz que devrait rester le nom de *sub-similis*.

Localités. — Biarritz (rocher du Goulet et au pied du Phare) (Basses-Pyrénées); Hastingues (Landes). Assez rare. Éocène, groupe nummulitique, couches à *Serpula spirulæa* et couches à *Eupatagus ornatus*. — Coll. d'Archiac, Raulin, Pellat, ma collection.

Loc. autres que les Pyrénées. — Saint-Palais près Royan (Charente-Inférieure)?... Chaine d'Hala (Sinde); Cutch ; le Caire (Égypte).

52. ECHINOLAMPAS ELLIPSOIDALIS, d'Archiac, 1846.

> *Echinol. ellipsoidalis*, d'Archiac, *Desc. des foss. numm. des environs de Bayonne*, Mém. Soc. géol. de France, 2ᵉ série, t. II, p. 203, pl. VI, fig. 3, 1846. — *Id.*, Kœchlin-Schlumberger, *Note sur les falaises de Biarritz*, Bull. Soc. géol. de France, 2ᵉ série, t. XII, p. 1243, 1855. — *Id.*, Leym. et Cott., *loc. cit.*, p. 334, 1856. —*Id.*, Desor, *Synops. des Échin. foss.*, p. 303, 1857.

Tous les exemplaires de cette espèce qu'on rencontre à Biarritz, identiques au type si bien figuré par M. d'Archiac, sont caractérisés par leur forme allongée et renflée, et l'excentricité de leur sommet apicial.

Localité. — Biarritz (rocher du Goulet). Assez commun. Éocène, groupe nummulitique, couche à *Serpula spirulæa*. — Coll. d'Archiac, Kœchlin, Pellat, Delbos, ma collection.

53. ECHINOLAMPAS LEYMERIEI, Cotteau, 1863.

> *Echinol. ellipsoidalis* (pro parte), Leym. et Cott., *loc. cit.*, p. 334, 1856. — *Echinol.* voisin du *sub-similis*, d'Archiac, *les Corbières*, Mém. Soc. géol. de France, 2ᵉ série, t. VI, p. 310, 1859.

Dans notre Catalogue de 1856, nous avions réuni cette espèce, à titre de variété, à l'*Echin. ellipsoidalis* de Biarritz, tout en signalant les différences qui l'en séparaient. Aujourd'hui, nous n'hésitons plus à en faire une espèce particulière, que sa forme allongée et l'excentricité très-prononcée du sommet ambulacraire rapprochent assurément de l'*Echinanthus* de Biarritz, mais qui s'en distingue d'une manière constante par sa taille toujours plus petite, sa forme générale moins ovoïde, sa face supérieure plus déprimée, et sa base plus plate.

Localité. — Alaric, route de Monze (Aude). Assez commun. Éocène, groupe nummulitique. — Coll. Leymerie, d'Archiac.

54. ECHINOLAMPAS BIARRITZENSIS, Cotteau, 1863. Pl. V, fig. 14-15.

> *Echin. ellipticus*, d'Arch. (non Munst. *in* Goldf.)? *Desc. des foss. des environs de Bayonne*, Mém. Soc. géol de France, 2ᵉ série, t. II, p. 204, 1846.

Espèce de taille moyenne, sub-circulaire, un peu plus longue que large, arrondie en avant, légèrement rostrée en arrière; face supérieure très-haute, renflée, globuleuse; face inférieure convexe sur les bords, pulvinée, fortement déprimée au milieu. Sommet ambulacraire un peu excentrique en avant. Ambulacres allongés, étroits, sub-costulés, très-ouverts à leur extrémité. Zones porifères peu développées. Tubercules de petite taille, partout serrés, abondants, scrobiculés. Péristome rejeté en avant, transversal, entouré d'un floscelle, s'ouvrant dans une dépression profonde. Périprocte infrà-marginal, étroit, transversal.

Hauteur, 35 millimètres; diamètre transversal, 45 millimètres; diamètre antéro-postérieur, 47 millimètres.

RAPPORTS ET DIFFÉRENCES. — Cette espèce, qu'on rencontre associée à l'*Echinol. sub-similis*, s'en distingue par sa forme beaucoup plus renflée, sub-globuleuse, ses ambulacres plus longs et plus étroits, son périprocte moins haut, plus large et plus triangulaire. Sa forme renflée rappelle l'*Echinol. ellipticus* du terrain nummulitique du Kressemberg, mais notre espèce s'en éloigne par son ambitus plus circulaire, son aspect encore plus globuleux et la structure toute particulière de son périprocte.

Localité. — Biarritz (rocher du Goulet). Très-rare. Éocène, groupe nummulitique, couche à *Serpula spirulæa.* — Coll. d'Archiac, Pellat.

EXPLICATION DES FIGURES. — Pl. V, fig. 14, *Echinol. Biarritzensis*, vu de côté; fig. 15, région anale.

55. ECHINOLAMPAS DELBOSI, Cotteau, 1863.

Espèce de taille assez grande, sub-circulaire, un peu plus longue que large, arrondie en avant, à peine rostrée en arrière; face supérieure haute, renflée, convexe; face inférieure sub-pulvinée sur les bords, déprimée autour du péristome. Sommet ambulacraire excentrique en avant. Ambulacres étroits, légèrement renflés, se rétrécissant un peu à leur extrémité, inégaux, les postérieurs beaucoup plus longs que les autres. Zones porifères déprimées, formées de pores étroits, obliques, unis par un sillon et séparés par un petit bourrelet couvert de granules. Tubercules scrobiculés, fins, serrés, homogènes, partout très-abondants, surtout dans la région infrà-marginale. Péristome presque central, un peu rejeté en avant, entouré d'un floscelle apparent. Périprocte infrà-marginal, étroit, transversal, s'ouvrant à fleur du test. Appareil apicial peu développé, sub-circulaire; quatre pores génitaux; plaque madréporiforme très-grande, bombée.

Hauteur, 33 millimètres; diamètre transversal, 62 millimètres? diamètre antéro-postérieur, 66 millimètres.

RAPPORTS ET DIFFÉRENCES — Cette espèce, par sa forme générale, rappelle l'*Echinol. hemisphæricus* du terrain miocène; elle s'en distingue, cependant, d'une manière bien nette par sa taille moins forte, sa forme plus ovale, sa face supérieure plus épaisse sur les bords, plus convexe et moins conique, sa face inférieure plus pulvinée, ses ambulacres moins larges et moins allongés. Sa taille la rapproche de l'*Echinol. Laurillardi*, Agassiz, des environs de Bordeaux; mais cette dernière espèce sera toujours reconnaissable à son ambitus plus circulaire et à sa face supérieure beaucoup moins renflée.

Localité. — Biarritz (côté du moulin). Rare. Éocène, groupe nummulitique (étage supérieur). — Coll. Delbos.

56. ECHINOLAMPAS RAULINI, Cotteau, 1863.

Espèce de grande taille, allongée, sub-cylindrique, arrondie en avant, plus étroite en arrière; face supérieure élevée, renflée, convexe, ayant sa plus grande hauteur un peu en arrière du sommet; face inférieure fortement pulvinée, concave au milieu. Sommet ambulacraire sub-excentrique en avant. Ambulacres très-larges, à fleur du test, quelquefois même légèrement déprimés à la face supérieure, ne se rétrécissant pas à leur extrémité, inégaux, les postérieurs beaucoup plus longs que les autres; zones porifères larges, formées de pores très-inégaux, les internes arrondis, les externes longs, étroits, transverses. Tubercules scrobiculés, serrés, homogènes, partout très-abondants. Péristome presque central, stelliforme, sub-pentagonal, entouré d'un floscelle, s'ouvrant dans une dépression très-profonde du test. Périprocte infra-marginal, étroit, allongé dans le sens du diamètre antéro-postérieur, à fleur du test.

Hauteur, 44 millimètres; diamètre transversal, 60 millimètres; diamètre antéro-postérieur, 75 millimètres.

RAPPORTS ET DIFFÉRENCES. — Cette espèce nous a paru se distinguer de ses congénères d'une manière positive par sa forme allongée, renflée, sub-cylindrique, par ses ambulacres très-larges et ne se rétrécissant pas vers l'ambitus, comme ceux des *Conoclypeus*, par son péristome situé dans une dépression très-profonde, son périprocte ovale et à fleur du test.

Localité. — Hastingues (Landes). Rare. Éocène, calcaire à nummulites. — Coll. Raulin.

57. ECHINOLAMPAS HEMISPHÆRICUS, Agassiz, 1836. (*Clypeaster*, Lamarck, 1816.)

> *Clyp. hemisphæricus*, Lam., *Anim. sans vert.*, t. III, p. 16, nº 19, 1816.— *Echinol. hemisphæricus*, Agass., *Prod. d'une monog. des radiaires*, Mém. Soc. Sc. nat. de Neuchâtel, t. I, p. 187, 1836. — *Clyp. hemisphæricus*, de Grateloup, *Ours. foss.*, p. 44, 1836. — *Clyp. semi-globus*, Id., p. 43, pl. 1, fig. 7.— *Echinol. hemisphæricus*, Delbos, *Ess. d'une descr. géolog. du bassin de l'Adour*, p. 335, 1855. — *Echinol semi-globus*, id. — *Echinol. hemisphæricus*, Leym. et Coll., *loc. cit.*, p. 335, 1856. — *Id.*, Desor, *Synops. des Échin. foss.*, p. 307, 1857.

Le *Clypeaster semi-globus* de Goldfuss, bien différent du *Galerites semi-globus*, qui est un *Conoclypeus*, ne nous paraît qu'une variété de l'*Ech. hemisphæricus*.

Localités. — Faluns bleus de Narrosse (de Grateloup) (Landes). — Molasses ossifères (Delbos). — Marnes à Échinodermes (Delbos). Assez-rare. Miocène. — Coll. de Grateloup, Delbos, Raulin, ma collection.

Loc. autres que les Pyrénées. — Saint-Jean de Royans, Saint-Paul-trois-Châteaux (Drôme); Cap Couronne, Les Martigues (Bouches-du-Rhône); île de Chypre (Albert Gaudry).

XXIme Genre. AMBLYPYGUS, Agassiz, 1840.

Test de grande taille, sub-circulaire ou ovoïde, médiocrement renflé en dessus, déprimé en dessous, épais sur les bords. Ambulacres pétaloïdes très-largement ouverts, s'étendant jusqu'au bord ; zones porifères relativement assez étroites, formées de pores oblongs et conjugués par un sillon. Tubercules serrés, homogènes. Péristome s'ouvrant au milieu de la face inférieure, plus ou moins anguleux, dépourvu de floscelle. Périprocte très-grand, ovale ou sub-pyriforme, situé entre le péristome et le bord postérieur. Appareil apicial compacte.

Le genre *Amblypygus* est spécial au terrain tertiaire.

58. **AMBLYPYGUS ARNOLDI**, Agassiz, 1840.

> *Amblyp. Arnoldi*, Agassiz, *Catal. syst. Ectyp. foss.*, p. 5, 1840. — *Id.*, Desor, *Synops. des Echin. foss.*, p. 256, 1856. — R. 36.

Espèce de grande taille, sub-circulaire, arrondie et dilatée en avant, un peu plus étroite en arrière. Face supérieure uniformément bombée ; face inférieure renflée sur les bords, assez fortement déprimée au milieu. Sommet sub-central. Ambulacres étroits, très-légèrement costulés, convergeant en ligne directe vers l'ambitus. Zones porifères larges, affectant jusqu'au bord du test un aspect pétaloïde, composées de pores très-inégaux, les internes arrondis, les autres allongés, unis aux premiers par un sillon transversal, à peine oblique. Tubercules petits, scrobiculés, abondants, accompagnés de granules qui, à la face inférieure, forment autour d'eux des cercles assez distincts. Périprocte très-grand, elliptique, sub-pyriforme, occupant une grande partie de l'espace compris entre le bord et le péristome.

Hauteur, 30 millimètres ; diamètre transversal, 67 millimètres ; diamètre antéro-postérieur, 75 millimètres.

RAPPORTS ET DIFFÉRENCES. — Cette espèce nous a paru

devoir être réunie à l'*Ambl. Arnoldi,* qu'on ne connaît encore que par un seul individu provenant du terrain éocène du Val d'Era, en Toscane (collection Michelin). Notre exemplaire de Biarritz offre la même taille et la même physionomie; seulement, son ambitus est un peu moins régulièrement subcirculaire; sa face supérieure est moins bombée, et ses zones porifères sont un peu plus larges. Malheureusement, dans l'échantillon de Toscane, le périprocte n'est pas apparent, et tant que cet élément de comparaison fera défaut, il sera difficile d'affirmer l'identité de ces deux *Amblypygus.*

C'est la première fois que l'existence de ce genre curieux est signalée à Biarritz.

Localité. — Biarritz (rocher du Goulet). Très-rare. Éocène, groupe nummulitique. Couche à *Serpula spirulæa.* — Coll. Pellat, ma collection.

Loc. autres que les Pyrénées — Val d'Era (Toscane).

59. AMBLYPYGUS MICHELINI, Cotteau, 1856, Pl. VI, fig. 1-2.

>*Ambl. Michelini,* Leym. et Cott., *loc. cit.,* p. 335, 1856.
>*Id.,* Desor, *Synops. des Échin. foss.,* p. 452, 1857.
>— *Id.,* Cotteau, *Note sur les Échin. d'Espagne,* Bull. Soc. géol. de France, 2ᵉ série, t. XVII, p. 372, 1860. — Y. S.

Espèce de taille moyenne, oblongue, à bords renflés et arrondis; face supérieure bombée, sub-conique; face inférieure très-sensiblement concave. Sommet ambulacraire un peu excentrique en avant. Ambulacres étroits, à fleur du test, convergeant en ligne droite vers l'ambitus. Zones porifères étroites, cessant d'être pétaloïdes un peu au-dessus du bord, formées de pores inégaux et unis par un sillon. Tubercules petits, scrobiculés, serrés et abondants dans la région infrà-marginale, un peu plus espacés à la face supérieure. Péristome central, transversalement ovale. Périprocte très-rapproché du bord, elliptique, relativement peu développé.

Hauteur, 32 millimètres; diamètre transversal, 60 millimètres; diamètre antéro-postérieur, 68 millimètres.

RAPPORTS ET DIFFÉRENCES. — Voisine de la précédente,
cette espèce s'en distingue très-nettement par sa face supérieure plus conique, ses zones porifères moins larges, son
sommet plus excentrique en avant, sa face inférieure plus
déprimée, et surtout par son périprocte ovale et situé très-
près du bord. Ce dernier caractère ne permet pas de la
confondre avec aucune autre de ses congénères.

M. Leymerie nous a communiqué tout récemment plusieurs
exemplaires que nous rapportons à cette espèce et qui proviennent, comme le type, du terrain éocène de la Haute-
Garonne. Leur forme est très-variable : tantôt la face supérieure est épaisse et renflée et tantôt fortement déprimée.
Chez l'un de ces échantillons, le péristome parfaitement
conservé est sub-pentagonal et muni d'un floscelle apparent.
Ce dernier caractère nous donne quelque doute sur la place
générique que nous avons assignée à cette espèce qui pourrait
bien être un véritable *Echinolampas*.

Localités. — Environs de Saint-Michel et de Tapiau, et
calcaire à milliolites de Belbèze (Massif d'Ausseing), Borde-
Neuve à la base du Saboth (Haute-Garonne). Assez rare.
Éocène, groupe nummulitique. — Coll. Leymerie.

Loc. autres que les Pyrénées. — Entre Maestu et Sabando
(province d'Alava, Espagne). Assez commun.

EXPL. DES FIGURES. — Pl. VI, fig. 1, *Amblyp. Michelini.* vu de
côté; fig. 2, région anale.

XXIIme Genre. CONOCLYPEUS, AGASSIZ, 1840.

60. CONOCLYPEUS CONOIDEUS, Agassiz, 1839 (*Galerites*,
Lam., 1816).

> *Gal. conoideus*, Lam., *Anim. s. vert.*, t. III, p. 22,
> 1816. — *Clypeast. conoideus*, Goldf., *Petref. Ger-
> man.*, t. I, p. 132, pl. XLI, fig. 8, 1826. — *Galerites
> conoideus*, de Grateloup, *Ours. foss.*, p. 51, 1836?...

Echinol. conoidea, Des Moulins, *Et. sur les Éch.*,
p. 344, 1837. — *Conocl. conoideus*, Agassiz, *Échin.*
foss. de la Suisse, p. 64, pl. X, fig. 14-16, 1839.
— *Id.*, Leym. et Cott., *loc. cit.*, p. 336, 1856.

Les exemplaires de l'Aude que nous avons rapportés à cette
espèce dans notre Catalogue de 1856, en présentent certainement les caractères essentiels et nous persistons à considérer comme à-peu-près démontrée, l'existence, dans le Midi
de la France, de l'espèce du Kressemberg. En ce qui touche le
bassin de l'Adour la question est plus délicate, et il est possible que MM. de Grateloup et Des Moulins aient rapporté à
tort au *Conocl. conoideus* certaines variétés du *Conocl.*
Bordæ.

Localités. — Montagne Noire près Saint-Julien, Aragon
(Aude); environs de Dax (Landes), (M. de Grateloup)?
Éocène, groupe nummulitique. — Coll. Leymerie, Noguès.

Loc. autres que les Pyrénées. — Terrain nummulitique du
Kressemberg (abondant); Vérone, Nice, Appenzell; bords du
Salghir (Crimée); Columbres (Asturies); colline du Mokat-
tam près du Caire (Égypte).

61. CONOCLYPEUS BORDÆ, Agassiz, 1847 (*Galerites*, de Gra-
    teloup, 1839).

Galer. Bordæ, de Grateloup, *Ours. foss.*, p. 52, pl. II,
fig. 1, 1836. — *Echinol. Bordæ*, Des Moulins, *Ét.*
sur les Éch., p. 352, nº 28, 1837. — *Conoclyp.*
Bordæ, Agassiz et Desor, *Catal. rais. des Éch.*, Ann.
sc. nat., 3ᵉ sér., t. VII, p. 167, 1847. — *Id.*, Leym.
et Cott., *loc. cit.*, p. 337, 1856. — *Id.*, Desor,
Synops. des Éch. foss., p. 320, 1856.

Nous avons sous les yeux un exemplaire de cette espèce
parfaitement caractérisé; il se distingue du *Conocl. conoideus*
par sa forme plus élevée, plus conique, par ses zones porifères beaucoup plus larges. La figure que M. de Grateloup a
donnée (pl. II, fig. 1) est excellente.

Localité. — Environs de Dax. Rare. Éocène, groupe nummulitique. — Musée de Paris, coll. de Grateloup, Michelin, ma collection.

62. CONOCLYPEUS LEYMERIANUS, Cotteau, 1856.

> *Conocl. Leymerianus*, Leym. et Cott., *loc. cit.*, p. 336, 1856. — Y. 17.

M. Desor, dans le *Synopsis des Échinides fossiles*, réunit cette espèce au *Conocl. conoideus.* Assurément, ces deux types sont très-rapprochés l'un de l'autre; cependant, le *Conocl. Leymerianus* nous paraît différer de son congénère par sa taille constamment moins forte, ses ambulacres beaucoup plus déprimés surtout près du sommet, et ses tubercules relativement un peu moins gros.

Localité. — Bords de la Souine, au sud-ouest de Cassaigne (Haute-Garonne). Rare. Éocène, groupe nummulitique. — Coll. Leymérie, ma collection.

63. CONOCLYPEUS PYRENAICUS, Cotteau, 1856.

> *Conocl. Pyrenaicus*, Leym. et Cott., *loc. cit.*, p. 336, 1856. — *Id.,* Desor, *Synops. des Échin. foss.*, p. 321, 1856. — *Id.,* d'Archiac, *Note sur les foss. tert. de l'Ariége*, Bull. Soc. géol. de France, t. XVI, p. 787, 1859. — Y. 7.

Cette espèce, que nous avons décrite dans le Catalogue de 1856, nous paraît constituer un type particulier : voisine du *Conocl. Osiris* du terrain nummulitique de Montradan (Égypte), elle s'en éloigne par sa taille moins forte, moins épaisse, plus étroite en arrière, par ses ambulacres moins larges et surtout par la forme de son périprocte, qui est longitudinal et non transversal.

Localités. — Bords de la Souine, au sud-ouest de Cassaigne (Haute-Garonne); La Bourguère, Sabarat (Ariége). Rare. Éocène, groupe numm. — Coll. Leymerie, l'ouech.

64 CONOCLYPEUS SEMI-GLOBUS, Desor, 1856. (*Galerites*,
Lam., 1816.)

> *Galer. semi-globus*, Lam., *Anim. sans vert.*, t. III,
> p. 22, 1816. — *Id.*, de Grateloup, *Ours. foss.*, p. 53,
> pl. II, fig. 4, 1836. — *Echinol. semi-globus*, Des
> Moulins, *Études sur les Échin.*, p. 344, 1837. — *Id.*,
> Leym. et Cott., *loc. cit.*, p. 335, 1856. — *Conocl.*
> *semi-globus*, Desor, *Synops. des Échin. foss.*, p. 322,
> 1856. — 33 *b*.

Cette espèce, remarquable par sa grande taille, son ambitus régulièrement circulaire, sa face supérieure conique, ses ambulacres larges, ses zones porifères cessant d'être pétaloïdes à une grande distance du bord, son périprocte étroit et transversal, est un des types les mieux caractérisés du genre *Conoclypeus*. Les figures données par M. de Grateloup rendent parfaitement les caractères qui distinguent cette belle espèce.

Localités. — Narrosse, Garrey, Clermont, Montfort (Landes). Abondant. Miocène. Marnes à Échinodermes. — Musée de Paris, coll. de Grateloup, Delbos, Noguès, ma collection.

65. CONOCLYPEUS MARGINATUS, Desor, 1847.

> *Conocl. marginatus*, Desor, *Catal. rais. des Échin.*,
> Ann. Sc. nat., 3ᵉ série, t. VII, p. 167. 1847. — *Id.*,
> Desor, *Synops. des Échin. foss.*, p. 321, 1856. —
> R. 59.

Nous rapportons au *Conocl. marginatus* certains exemplaires recueillis dans la région pyrénéenne, et qui ne peuvent être réunis à aucune des espèces que nous venons de passer en revue : leur forme générale est sensiblement allongée; leur face supérieure est conique, et s'amincit un peu sur les bords; leur base est légèrement évidée; s'ils diffèrent du

Conocl. marginatus, c'est par leur taille moins forte et leur face inférieure un peu moins déprimée au milieu.

Localités. — Aragon (Aude); Saharat (Ariége). Assez rare. Éocène, groupe nummulitique. — Coll. Noguès, Pouech.

Loc. autre que les Pyrénées. — Terrain nummulitique du Vicentin. .

XXIIIme Genre. HEMIASTER, Desor, 1847.

66. HEMIASTER COMPLANATUS, d'Archiac, 1847.

> *Hemiast. complanatus*, d'Archiac *in* Agassiz et Desor, *Catal. rais. des Échin.*, Ann. Sc. nat., 3e sér., t. VIII, p. 19, 1847. — *Id.*, d'Arch., *Desc. des foss. numm.*, Mém. Soc. géol. de France, 2e série, t. III, p. 424, pl. XI, fig. 6 *a-b*, 1850. — *Id.*, Delbos, *Essai d'une desc. géol. du bass. de l'Adour*, p. 315, 1855. — *Id.*, Leym. et Cott., *loc. cit.*, p. 344, 1856. — *Periaster compl.*, Desor, *Synops. des Échin. foss.*, p. 387, 1857.

M. Desor fait de cette espèce un *Periaster*. Nous préférons la laisser parmi les *Hemiaster*, jusqu'à ce que la découverte d'un fasciole sous-anal vienne confirmer l'opinion du savant auteur du *Synopsis*.

Localité. — Brassempouy (Landes). Très-rare. Éocène, groupe nummulitique, couches à *Serpula spirulæa*. — Coll. Delbos.

67. HEMIASTER FOVEATUS, Desor, 1847. (*Schizaster*, Agass., 1840.)

> *Schiz. foveatus*, Agassiz, *Catal. Syst. Ectyp. foss.*, p. 3, 1840. — *Hem. foveatus*, Desor, *Catal. rais. des Échin.*, Ann. Sc. nat., 3e série, t. VIII, p. 17, 1847. *Id.*, d'Archiac, *Desc. des foss. numm.*, Mém. Soc. géol. de France, 2e série, t. III, p. 427, 1850. — *Id.*, Leym. et Cott., *loc. cit.*, p. 344, 1856. — *Id.*, Desor, *Synops. des Échin. foss.*, p. 374, 1857. — S. 20.

Localité. — Montfort près Dax (Landes). Rare. Éocène, groupe nummulitique. — Muséum de Paris (coll. d'Orbigny), coll. Delbos.

68. HEMIASTER ALARICI, Tallavignes, 1847.

> *Hem. Alarici,* Tall., *Terrain numm. des Pyrénées,* Bull. Soc. géol. de France, 2ᵉ série, t. IV, p. 1141, 1847. — *Id.,* d'Archiac, *Hist. des prog. de la géol.,* t. III, p. 251, 1850. — *Id.,* Leym. et Cott., *loc. cit.,* p. 344, 1856. — *Brissopsis Alarici,* Desor, *Synops. des Éch.,* p. 381, 1857.

Espèce de taille moyenne, un peu plus longue que large, à peine échancrée en avant, sub-tronquée en arrière ; face supérieure médiocrement renflée, très-légèrement carénée dans la région postérieure ; face inférieure presque plane. Sommet sub-central. Sillon antérieur aigu, assez apparent près du sommet, s'atténuant et disparaissant vers l'ambitus. Ambulacres pairs inégaux, les antérieurs beaucoup plus allongés que les autres. Tubercules très-variables, gros et espacés dans la région antérieure, en avant du péristome. Fasciole non visible.

Cette espèce n'est pas rare, mais tous les échantillons que nous connaissons sont écrasés, mal conservés, et ne permettent pas d'en donner une description plus complète.

Localités. — Alaric, Comelles (Aude). Assez abondant. Éocène, groupe nummulitique. — Coll. Leymerie, Deshayes (Tallavignes).

69. HEMIASTER CANALICULATUS, Cotteau, 1856.

> *Hem. canaliculatus,* Leym. et Cott., *loc. cit.,* p. 544, 1856. — *Periaster canaliculatus,* Desor, *Synops. des Échin. foss.,* p. 386, 1857.

En décrivant cette espèce dans le Catalogue de 1856, nous nous sommes assuré qu'elle était dépourvue de fasciole latéral sous-anal, et appartenait par conséquent au genre *Hemiaster.*

Localité. — Tuco près Caseneuve. — Rare. Éocène, groupe nummulitique. — Coll. Leymerie.

70. HEMIASTER PELLATI, Cotteau, 1863. Pl. VI, fig. 7-9.

Espèce de taille moyenne, sub-cordiforme, globuleuse, un peu plus longue que large. Face supérieure renflée, presque aussi haute en avant qu'en arrière, arrondie et à peine échancrée dans la région antérieure, verticalement tronquée sur la face anale; face inférieure sub-convexe. Sommet ambulacraire à-peu-près central. Sillon antérieur apparent vers le sommet, très-atténué, presque nul à l'ambitus et aux approches du péristome. Ambulacres pairs inégaux, les antérieurs médiocrement allongés, flexueux, les postérieurs remarquables par leur petitesse. Tubercules très-variables, fins et serrés à la face supérieure, formant, sur les aires inter-ambulacraires, des séries obliques très-distinctes, plus gros, plus espacés en dessous, en avant du péristome. Péristome étroit, demi-circulaire, assez rapproché du bord, recouvert par une lèvre saillante. Périprocte sub-elliptique, aigu à sa partie supérieure, s'ouvrant au sommet de la face postérieure. Fasciole anguleux en avant, suivant le contour des ambulacres.

Hauteur, 19 millimètres; diamètre transversal, 25 millimètres; diamètre antéro-postérieur, 26 millimètres.

RAPPORTS ET DIFFÉRENCES. — Nous nous sommes assuré que cette espèce munie d'un fasciole péripétale, ne présentait aucune trace de fasciole latéro-anal; elle appartient donc bien certainement du genre *Hemiaster* et ne saurait être confondue avec l'*Hem. verticalis* qu'on rencontre dans les mêmes couches. Cette dernière espèce, indépendamment de son double fasciole, sera toujours facilement reconnaissable à sa taille constamment plus petite, à sa forme moins globuleuse, plus déprimée en avant et plus élevée en arrière, à ses ambulacres plus longs et plus étroits. Sa physionomie générale rappelle davantage, au premier aspect, le *Schizaster*

Leymerici que nous décrivons plus loin ; elle s'en distingue cependant facilement par sa face anale plus large, moins élevée, moins saillante et dépourvue de cette carène qui caractérise les *Schizaster*, par ses ambulacres postérieurs encore plus courts, et par l'absence de fasciole latéro-anal.

Localités. — Biarritz (rocher du Goulet); falaise du phare Saint-Martin. Très-rare. Éocène, groupe nummulitique, couche à *Serpula spirulæa* et couche à *Eupatagus ornatus.*— Coll. Pellat, Delbos, Kœcklin-Schlumberger, ma collection.

Explication des Figures.— Pl. VI, fig. 7, *Hem. Pellati*, vu de côté; fig. 8, face sup.; fig. 9, face inf.

XXIVme Genre. CYCLASTER, Cotteau, 1856.

71. Cyclaster declivus, Cotteau, 1856 Pl. VI, fig. 3-6.

> *Cycl. declivus*, Leym. et Cott., *loc. cit.*, p. 345, 1856.
> — *Brissopsis decliva*, Desor, *Synops. des Éch. foss.*,
> p. 381, 1857. — Y. 12.

Espèce de taille moyenne, oblongue, arrondie et dilatée en avant, plus étroite et sub-tronquée en arrière ; face supérieure sensiblement déclive, ayant sa plus grande hauteur dans la région postérieure ; face inférieure très-légèrement convexe, presque plane. Sommet ambulacraire excentrique en avant. Sillon antérieur impair peu apparent à la face supérieure, tout-à-fait nul vers l'ambitus. Ambulacres pairs courts, presque égaux, un peu plus déprimés que le sillon impair, les antérieurs très-écartés, les postérieurs rapprochés au contraire de la ligne médiane. Zones porifères plus larges que l'espace intermédiaire, presque fermées à l'extrémité des pétales. Tubercules petits, abondants, espacés, augmentant de volume au-dessous de l'ambitus et à la face inférieure. Granules très-nombreux, fins, serrés, homogènes. Péristome labié, rapproché du bord antérieur. Périprocte sub-circulaire, s'ouvrant au sommet de la face postérieure, sans trace de sillon anal. Fasciole péripétale, peu sinueux, sub-hexagone, disparaissant en avant; fasciole sous-anal formant un anneau allongé et étroit.

Hauteur, 17 millimètres; diamètre transversal, 28 millimètres; diamètre antéro-postérieur, 29 millimètres.

Rapports et différences. — Nous ne reviendrons pas sur les motifs que nous avons indiqués plus haut en décrivant les *Cycl. integer* et *pyriformis*, et qui nous ont déterminé à maintenir dans la méthode notre genre *Cyclaster*, malgré l'opinion de M. Desor qui le réunit aux *Brissopsis*. L'espèce qui nous occupe a servi de type au genre. Voisine du *Cycl. integer* de la craie supérieure de Tercis, elle s'en distingue par sa forme moins allongée et moins étroite en arrière, par son sommet plus excentrique, ses ambulacres antérieurs beaucoup plus divergents et à zones porifères plus larges.

Localités. — Bresse, Montfort, carrière de Bertranon (Landes). Très-rare. Éocène, groupe nummulitique, couche à *Serpula spirulæa.* — Coll. Leymerie, Delbos.

Explication des Figures. — Pl. VI, fig. 3, *Cycl. declivus*, vu de côté; fig. 4, face sup.; fig. 5, face inf.; fig. 6, ambulacres grossis, montrant le fasciole péripétale.

XXVme Genre. PERIASTER, d'Orbigny, 1854.

Test de petite et moyenne taille, trapu, renflé, sub-cordiforme. Sillon antérieur plus ou moins large. Ambulacre impair différent des autres. Ambulacres pairs plus ou moins écartés, pétaloïdes, fortement excavés. Sommet ambulacraire sub-central. Péristome excentrique en avant, transversal, muni d'une lèvre saillante. Périprocte ovale, situé au sommet de la face postérieure. Appareil apical compacte. Fasciole péripétale et fasciole latéro-sous-anal.

Le genre *Periaster* se rencontre dans les terrains crétacé et tertiaire.

72. Periaster obesus, Desor, 1857. (*Spatangus*, Leym., 1846).

Spat. obesus, Leymerie, *Terr. numm. des Corbières,*

Mém. Soc. géol. de France, 2e série, t. 1, p. 337,
pl. XIII, fig. 15, 1846. — *Hem. obesus*, Desor,
Catal. rais. des Échin., Ann. Sc. nat., 3e sér., t. VIII,
p. 17, 1847. — *Id.*, Leym. et Cott., *loc. cit.*, p. 344,
1856. — *Per. obesus*, Desor, *Synops. des Échin. foss.*,
p. 387, 1857.

Nous ne connaissons pas la disposition des fascioles chez
cette espèce; cependant, sa physionomie générale rappelle si
bien celle des *Periaster*, que nous n'hésitons pas, à l'exemple
de M. Desor, à la réunir à ce dernier genre.

Localités. — Conques, Montagne-Noire (Aude). Rare.
Éocène, groupe nummulitique. — Coll. Leymerie.

Loc. autres que les Pyrénées. — Égypte (Ag. et Desor).

73. PERIASTER ORBIGNYANUS, Cotteau, 1856. Pl. VII, fig. 1.

Periast. Orbignyanus, Leym. et Cott., *loc. cit.*, p. 345,
1856. — *Id.*, d'Archiac, *Les Corbières*, Mém. Soc.
géol. de France, 2e série, t. VI, p. 310, 1859.

Espèce de grande taille, sub-circulaire, cordiforme, plus
large que longue, fortement échancrée en avant; face supérieure assez uniformément renflée, un peu plus haute en
arrière; face inférieure presque plane. Sommet ambulacraire
sub-central. Sillon antérieur profond et très-large, se prolongeant jusqu'à la face inférieure. Ambulacres pairs également
larges et profonds, les antérieurs plus longs que les autres;
zones porifères moins développées que la bande intermédiaire,
formées de pores oblongs, espacés, séparés transversalement
par un bourrelet saillant. Aires inter-ambulacraires saillantes
et renflées aux approches du sommet. Tubercules abondants
et très-petits à la face supérieure, plus gros et moins nombreux au-dessous de l'ambitus. Péristome semi-circulaire,
excentrique en avant. Périprocte peu élevé, arrondi. Fasciole
péripétale et latéro-anal étroits, sinueux.

Hauteur, 30 millimètres; diamètre transversal, 60 millimètres; diamètre antéro-postérieur, 54 millimètres.

RAPPORTS ET DIFFÉRENCES. — Cette espèce, par sa taille et sa forme sub-circulaire, se rapproche beaucoup du *Periast. undulatus* de la craie cénomanienne de la Sarthe [1] ; elle s'en distingue, cependant, d'une manière bien positive par sa forme plus régulièrement convexe, par sa région postérieure bien moins haute, par ses ambulacres plus larges et plus profonds.

Nous rapportons à cette même espèce un *Periaster* que nous a communiqué M. Noguès, et qui paraît différer un peu du type que nous venons de décrire, par sa taille moins développée, ses ambulacres antérieurs relativement plus étroits et plus longs.

Localités.—Montagne-Noire, environs de Conques, Monze (Aude). Rare. Éocène, groupe nummulitique. — Collect. Leymerie, d'Archiac.

EXPLICATION DES FIGURES. — Pl. VII, fig. 1, *Periast. Orbignyanus*, vu sur la face supérieure.

74. PERIASTER VERTICALIS, Desor, 1857. (*Schizaster*, Agassiz, 1840.)

> *Schiz. verticalis*, Agassiz, *Catal. Syst. Ectyp.*, p 3, 1840.
> — *Id.*, d'Arch., *Desc. des foss des env. de Bayonne*,
> Mém. Soc. géol. de France, 2e série, t. II, p. 202,
> pl. VI, fig. 2, 1846. — *Hem. verticalis*, Desor, *Catal.*
> *rais. des Échin.*, Ann. Sc. nat., 3e série, t. VIII, p. 18,
> 1847. — *Id.*, Delbos, *Ess. d'une Desc. géolog. du*
> *bassin de l'Adour*, p. 315, 1855. — *Id.*, Kœchlin-
> Schlumberger, *Note sur les foss. de Biarritz*, Bull.
> Soc. géol. de France, t. XII, p. 1245, 1855. — *Id.*,
> Leym. et Cott., *loc. cit.*, p. 343, 1856. — *Per. verti-*
> *calis*, Desor, *Synops. des Échin. foss.*, p. 386, 1857.
> — M. 44. Q. 5.

[1] Cotteau et Triger, *Échin. de la Sarthe*, p. 214, pl. XXIV, fig. 10-11, 1859.

C'est avec beaucoup de raison que M. Desor, se fondant sur la seule physionomie de cette espèce, l'a retranchée des *Hemiaster*, pour la reporter parmi les *Periaster*. Nos observations justifient complètement ce nouveau classement, et sur plusieurs des nombreux exemplaires qui nous ont été communiqués, nous avons constaté des traces non douteuses de fasciole latéro-sous-anal.

Localité. — Biarritz (rocher du Goulet). Abondant. Éocène, groupe nummulitique, couche à *Serpula spirulœa*. — Coll. Leymerie, d'Archiac, Michelin, Delbos, Pellat, Kœchlin-Schlumberger, ma collection.

75. PERIASTER PYRENAICUS, Cotteau, 1863. Pl. VII, fig. 2-3.

Espèce de taille moyenne, sub-circulaire, un peu plus large que longue, assez fortement échancrée en avant, sub-tronquée en arrière; face supérieure médiocrement renflée, sub-carénée dans la région postérieure; face inférieure presque plane. Sommet ambulacraire excentrique en avant. Sillon impair large, apparent, se prolongeant jusqu'au péristome. Ambulacres pairs antérieurs étroits, assez profondément creusés, à peine flexueux, ouverts à leur extrémité. Ambulacres pairs postérieurs beaucoup moins longs, formant entre eux un angle aigu; zones porifères plus larges que l'intervalle qui les sépare, composées de pores étroits, allongés. Tubercules très-petits, abondants, disposés le plus souvent, notamment au-dessus de l'ambitus, en séries linéaires obliques, un peu plus gros à la face inférieure et sur le bord du sillon antérieur. Péristome semi-circulaire. Périprocte allongé, aigu à son extrémité supérieure. Fasciole péripétale très-sinueux, suivant les contours des ambulacres; fasciole latéro-sous-anal oblique et presque droit.

Hauteur, 15 millimètres; diamètre transversal, 28 millimètres; diamètre antéro-postérieur, 27 millimètres.

RAPPORTS ET DIFFÉRENCES. — Cette espèce se distinguera toujours facilement de ses congénères à sa taille, à sa forme sub-circulaire un peu plus large que longue, à son sommet ambulacraire très-excentrique en avant, à son sillon impair large et profond, à l'étroitesse de ses ambulacres pairs.

Localité. — Montardit (Ariége). Rare. Éocène, groupe nummulitique. — Coll. de M. l'abbé Pouech.

EXPLICATION DES FIGURES.— Pl. VII, fig. 2, *Periast. Pyrenaicus*, vu sur la face supérieure ; fig. 3, ambulacre grossi.

76. PERIASTER RAULINI, Cotteau, 1863.

Espèce de taille moyenne, un peu plus longue que large, étroite et fortement échancrée en avant, tronquée verticalement en arrière. Face supérieure haute, renflée, obliquement déclive en avant, marquée, dans la région postérieure, d'une carène saillante qui partage l'aire inter-ambulacraire impaire et se prolonge jusqu'au périprocte ; face inférieure presque plane, légèrement bombée au milieu, déprimée autour du péristome. Sommet ambulacraire un peu excentrique en avant. Sillon antérieur large, profond, anguleux, sub-caréné sur les bords, s'étendant du sommet au péristome. Ambulacres pairs moins profonds que le sillon antérieur, allongés, à peine flexueux, presque fermés à leur extrémité, les postérieurs plus courts que les autres ; zones porifères bien plus larges que l'intervalle qui les sépare, formées de pores ovales, espacés, chaque paire séparée par un petit bourrelet transverse et granuleux. Tubercules abondants, inégaux, très-petits et serrés à la face supérieure, plus gros et plus espacés, sur les bords du sillon antérieur, dans la région infrà-marginale, et surtout dans l'aire inter-ambulacraire impaire où ils forment des séries obliques très-régulières. Périprocte ovale, s'ouvrant au sommet de la face postérieure. Péristome très-rapproché du bord, semi-lunaire, muni d'une lèvre saillante. Fasciole péripétale très-sinueux ; fasciole latéro-anal étroit, presque droit.

Hauteur, 30 millimètres ; diamètre transversal, 37 millimètres ; diamètre antéro-postérieur, 40 millimètres.

Rapports et différences. — Cette espèce se distingue de ses congénères par sa forme un peu allongée, sa face supérieure très-renflée, la profondeur de son sillon antérieur, ses ambulacres presque droits et cependant à peine ouverts à leur extrémité. Sa physionomie la rapproche de certaines espèces de *Periaster* crétacés, sans qu'il soit cependant possible de la confondre avec aucune d'elles.

Localités. — Hastingues (Landes); Montolieu (Aude). Assez commun. Éocène, calcaire à nummulites. — Collect. Raulin, d'Archiac.

Loc. autre que les Pyrénées. — Blaye (Gironde). Rare. Calcaire grossier.

77. Periaster Heberti, Cotteau, 1863. Pl. IX, fig. 4.

Espèce de taille moyenne, sub-circulaire, cordiforme, plus large que longue, fortement échancrée en avant, tronquée presque verticalement en arrière; face supérieure haute renflée, obliquement déclive en avant, marquée dans la région postérieure d'une carène saillante qui partage l'aire inter-ambulacraire impaire et se prolonge jusqu'au périprocte; face inférieure presque plane, déprimée autour du péristome, légèrement renflée en arrière. Sommet ambulacraire central. Sillon antérieur large, profond, évasé, anguleux, s'étendant du sommet au péristome. Ambulacres pairs plus profonds encore que le sillon antérieur, droits, allongés, ouverts à leur extrémité, les postérieurs moins longs que les autres; zones porifères plus larges que l'intervalle qui les sépare, formées de pores ovales, espacés, peu nombreux, mais très-apparents. Aires inter-ambulacraires saillantes et renflées aux approches du sommet. Tubercules abondants, inégaux, très-petits et serrés à la face supérieure, plus gros et plus espacés dans la région infrà-marginale et sur les bords du sillon antérieur. Périprocte ovale, s'ouvrant au sommet de la face postérieure. Fasciole péripétale très-sinueux, suivant presque partout le contour des ambulacres; fasciole latéro-anal étroit, oblique, à peine sinueux.

Hauteur, 31 millimètres ; diamètre transversal, 48 millimètres ; diamètre antéro-postérieur, 40 millimètres ?...

RAPPORTS ET DIFFÉRENCES. — Cette espèce rappelle le
Per. Orbignyanus que nous avons décrit plus haut ; mais, si
d'un côté elle s'en rapproche par son ensemble cordiforme,
son sommet presque central et la structure de ses pores ambulacraires, elle s'en éloigne d'une manière positive par son
sillon antérieur plus profond et plus anguleux, par sa face
supérieure plus saillante et plus renflée en arrière, plus fortement déclive en avant, par ses ambulacres postérieurs plus
étroits et plus allongés.

Localité. — Biarritz (rocher du Goulet). Très-rare. Éocène,
groupe nummulitique, couche à *Serp. spirulæa.* — Collect.
Pellat.

EXPLICATION DES FIGURES. — Pl. IX, fig. 4, *P. Heberti*, de la
coll. de M. Pellat, vu sur la face sup.

78. PERIASTER DELBOSI, Cotteau, 1863. Pl. IX, fig. 5.

Espèce de taille moyenne, sub-circulaire, plus large que
longue, étroite et échancrée en avant, tronquée presque verticalement en arrière ; face supérieure haute, renflée, épaisse
sur les bords, obliquement déclive, marquée dans la région
postérieure d'une carène qui se prolonge, en s'atténuant,
jusqu'au périprocte ; face inférieure presque plane, légèrement convexe. Sommet ambulacraire central. Sillon antérieur
médiocrement creusé, évasé, disparaissant au-dessous de
l'ambitus. Ambulacres pairs étroits, à-peu-près de même
profondeur que le sillon antérieur, sub-flexueux, ouverts à
leur extrémité, très-inégaux, les postérieurs beaucoup plus
courts que les autres ; zones porifères moins développées que
l'intervalle qui les sépare, formées de pores oblongs, à-peu-
près d'égale grandeur. Aires inter-ambulacraires étroites vers
le sommet, à peine saillantes. Tubercules petits et très-
serrés à la face supérieure, plus gros, plus espacés et beaucoup plus rares à la face inférieure, notamment autour du

péristome et dans les aires ambulacraires. Péristome rapproché du bord antérieur, étroit, semi-lunaire, muni d'une
lèvre saillante, entouré d'un léger bourrelet. Périprocte
ovale, très-élevé, s'ouvrant au sommet de la troncature
postérieure. Fasciole péripétale sinueux; fasciole latéro-anal
descendant bien au-dessous du périprocte.

Hauteur, 27 millimètres; diamètre transversal, 37 millimètres $^1/_2$; diamètre antéro-postérieur, 34 millimètres.

RAPPORTS ET DIFFÉRENCES. — Cette espèce, parfaitement
caractérisée par sa forme épaisse, renflée, sub-circulaire, sa
face supérieure déclive en avant et sub-carénée en arrière,
son sommet central, ses ambulacres postérieurs très-courts,
son péristome étroit et fortement labié, ne saurait être confondue avec aucun des *Periaster* que nous avons rencontrés dans
les Pyrénées. Sa forme ramassée, son sommet central, ses
ambulacres pairs antérieurs écartés, nous ont engagé à la
placer parmi les *Periaster;* nous devons reconnaître, cependant, que sa face supérieure fortement déclive en avant, ses
ambulacres postérieurs très-courts, et la carène saillante qui
s'étend du sommet au périprocte, rapprochent cette espèce du
genre *Schizaster.* C'est un de ces types intermédiaires qui
démontre que les *Periaster* ne diffèrent réellement des *Schizaster* par aucun caractère essentiel, et devront probablement
disparaître de la méthode.

Localité. — Gibret près Montfort (Landes). Rare. Éocène,
groupe nummulitique (2ᵉ étage, Delbos).— Coll. Leymerie.

EXPLICATION DES FIGURES. — Pl. IX, fig. 5, *Per. Delbosi,* de
la coll. de M. Delbos, vu sur la face supérieure.

79. PERIASTER ARIZENSIS, Cotteau, 1863. (*Hemiaster,* d'Ar-
     chiac, 1859). Pl. VI, fig. 10-13.

   Hem. Arizensis, d'Archiac, *Note sur les foss. numm.
     de l'Ariége,* Bull. Soc. géol. de France, 2ᵉ série,
     t. XVI, p. 804, 1859.

Espèce de petite taille, oblongue, sub-hexagonale, échan-

crée en avant, un peu rétrécie en arrière ; face supérieure
très-médiocrement renflée , ayant sa plus grande hauteur en
arrière du sommet ; face inférieure plane sur les bords, présentant au milieu un' renflement sub-caréné qui correspond
à l'inter-ambulacre impair. Sommet sub-central. Sillon antérieur large , se prolongeant jusqu'au péristome. Ambulacres
pairs inégaux, les antérieurs sub-flexueux, les postérieurs
très-courts ; zones porifères beaucoup plus larges que l'intervalle qui les sépare. Tubercules petits et espacés à la face
supérieure, beaucoup plus gros dans la région infrà-marginale , sur le renflement inter-ambulacraire ; les zones qui
correspondent aux ambulacres postérieurs sont très-larges à
la face inférieure et complètement dépourvues de tubercules,
ce qui donne à cette partie du test un aspect particulier.
Péristome semi-circulaire , labié , assez rapproché du bord
antérieur. Périprocte arrondi, un peu élevé. Fasciole péripétale peu apparent ; fasciole latéro-anal étroit, à peine sinueux.

Hauteur, 8 millimètres ?... diamètre transversal, 18 millimètres ; diamètre antéro-postérieur, 19 millimètres $^1/_2$.

RAPPORTS ET DIFFÉRENCES. — La présence d'un fasciole
latéro-anal ne nous laisse aucune incertitude sur la place
générique que nous assignons à cette petite espèce ; elle se
distingue nettement de ses congénères par sa forme déprimée
et sub-hexagonale, ses ambulacres postérieurs très-courts,
la largeur de ses zones porifères, sa face inférieure presque
lisse, marquée, seulement au milieu et sur les bords, de
tubercules gros et espacés.

Nous rapportons au *Periast. Arizensis* trois exemplaires
recueillis par M. Leymerie dans le massif éocène de la Montagne-Noire ; ils diffèrent un peu du type par leur forme moins
déprimée , plus haute en arrière et moins acuminée dans la
région postérieure ; cependant, ils ne nous ont pas paru devoir en être séparés. Le fasciole latéro-sous-anal n'est visible
chez aucun de ces trois échantillons.

Localités. — Camarade (Ariége) ; Montagne-Noire (Aude).

Très-rare. Éocène, groupe nummulitique, sous le banc à Operculines. — Coll. de MM. l'abbé Pouech et Leymerie.

EXPLICATION DES FIGURES. — Pl. VI, fig. 10, *Periaster Arizensis*, vu de côté; fig. 11, face supérieure; fig. 12, face inférieure; fig. 13, ambulacres grossis.

80. PERIASTER BIARRITZENSIS, Cotteau, 1863. Pl. VI, fig. 14-17.

Espèce de petite taille, aussi large que longue, sub-hexagonale, étroite et fortement échancrée en avant, tronquée verticalement sur la face anale; face supérieure obliquement déprimée, ayant sa plus grande hauteur en arrière du sommet; face inférieure presque plane. Sommet ambulacraire excentrique en arrière. Sillon antérieur très-large et très-profond, se prolongeant jusqu'au péristome. Ambulacres pairs inégaux, les antérieurs allongés, sub-flexueux, étroits à leur extrémité, les postérieurs beaucoup plus courts; zones porifères plus larges que l'intervalle qui les sépare. Tubercules petits et serrés à la face supérieure, plus gros et plus espacés dans la région infra-marginale. Aires inter-ambulacraires antérieures étroites, comprimées, saillantes aux approches du sommet. Péristome non labié, anguleux en avant, bordé d'un petit bourrelet, très-rapproché du bord. Périprocte élevé, arrondi. Fasciole péripétale suivant le contour ues plaques, à peine apparent; fasciole latéro-anal très-étroit, non sinueux.

Hauteur en arrière du sommet, 11 millimètres; diamètre transversal et antéro-postérieur, 17 millimètres.

RAPPORTS ET DIFFÉRENCES. — Cette petite espèce, remarquable par sa forme sub-circulaire et étroite en avant, par son sommet excentrique en arrière, l'inégalité de ses ambulacres et surtout la largeur et la profondeur de son sillon impair, ne saurait être confondue avec aucune autre. L'espèce dont elle se rapproche le plus est l'*Hem. digonus,* d'Archiac, de la chaîne d'Hala (Sinde) [1] ; elle nous a paru cependant s'en distinguer par sa forme moins oblongue, sa face supérieure plus oblique, son ambitus antérieur plus profondément échancré, son péristome plus anguleux et situé plus près du bord.

Localité. — Biarritz (rocher du Goulet). Rare. Éocène, groupe nummulitique. — Couches à *Serp. spirulæa.* — Coll. Triger, Delbos, ma collection.

EXPLICATION DES FIGURES. — Pl. VI, fig. 14, *Periaster Biarritzensis*, vu de côté; fig. 15, face sup.; fig. 16, face inf.; fig. 17, ambulacres grossis.

XXVIᵐᵉ Genre. SCHIZASTER, AGASSIZ, 1836.

Test de moyenne taille, oblong, dilaté en avant, subacuminé en arrière, cordiforme, plus ou moins renflé. Sillon antérieur très-profond. Ambulacre impair différent des autres. Ambulacres pairs pétaloïdes, fortement excavés, flexueux et peu écartés, quelquefois presque parallèles au sillon antérieur, inégaux; les antérieurs ordinairement beaucoup plus longs que les autres. Sommet ambulacraire excentrique en arrière. Péristome situé à la face inférieure, près du bord, transversal, muni d'une lèvre saillante. Périprocte ovale, placé au sommet de la face postérieure. Appareil apicial compacte. Fasciole péripétale et fasciole latéro-sous-anal comme dans le genre *Periaster*.

Le genre *Schizaster* est abondamment répandu dans le terrain tertiaire et existe également à l'époque actuelle.

81. SCHIZASTER VICINALIS, Agassiz, 1847.

> *Sch. vicinalis,* Agass., *Catal. rais. des Ech*, Ann. sc.
> nat., 3ᵉ sér., t. VIII, p. 21, 1847. — *Id.,* Leymerie
> et Cotteau, *loc. cit.,* p. 340, 1856. — X. 93.

---

[1] D'Archiac et Jules Haime, *Descript. des anim. foss. du groupe numm. de l'Inde,* p. 220, pl. XV, fig. 10 *a b c,* 1853.

Comme nous l'avons déjà dit dans le Catalogue de 1856, les figures que M. d'Archiac a données pour représenter cette espèce, ne s'appliquent certainement pas au véritable *Schiz. vicinalis* [1]. Les échantillons qu'il avait sous les yeux provenaient de Saint-Palais près Royan ; tandis que le type de l'espèce, établie en 1847 par Agassiz, a été recueilli à Biarritz et paraît jusqu'ici spécial au terrain nummulitique de cette localité. Le *Schiz. vicinalis* se distingue très-nettement de l'espèce figurée par M. d'Archiac, et à laquelle nous donnons le nom de *Schiz. Archiaci*, par sa taille beaucoup plus forte, sa forme moins ovoïde, plus élargie en avant, plus sensiblement rostrée en arrière, sa face supérieure plus déclive, son sillon impair plus large et plus profond, ses ambulacres antérieurs plus flexueux.

Localité. — Biarritz (falaise du phare Saint-Martin). Assez rare. Éocène, groupe nummulitique, couches à *Eupatagus ornatus*. — Coll. Leymerie, Michelin, Pellat.

82. Schizaster rimosus, Desor, 1847.

> *Schiz. acuminatus*, d'Archiac, *Desc. des foss. des env. de Bayonne*, Mém. Soc. géol. de France, 2ᵉ série, t. II, p. 203, 1846. — *Schiz. rimosus*, Desor, *Catal. des Échin.*, Ann. Sc. nat., 2ᵉ série, t. VIII, p. 22, 1847. — *Id.*, d'Archiac, *Desc. des esp. du groupe numm.*, Mém. Soc. géol. de France, 2ᵉ série, t. III, p. 425, pl. XI, fig. 5, 1850. — *Id.*, Delbos, *Ess. d'une desc. géol. du bassin de l'Adour*, p. 315, 1855. *Id.*, Leym. et Cott., *loc. cit.*, p. 340, 1856. — *Id.*, Desor, *Synops. des Échin. foss.*, p. 391, 1857. — T. 51.

Cette espèce, parfaitement bien figurée par M. d'Archiac (*loc. cit.*), se rencontre à Biarritz, associée avec la précé-

---

[1] *Descript. des espèces du groupe numm.*, Mém. Soc. géol. de France, 2ᵐᵉ Série, t. III, p. 426, pl. X, fig. 4 *a b*, 1850.

dente, et pourrait bien en être une simple variété ; elle nous a paru, cependant, s'en éloigner d'une·manière constante par sa face supérieure plus épaisse en avant et un peu moins oblique, son sillon impair beaucoup plus étroit, et son sommet ambulacraire plus central. — Nous avons sous les yeux des individus de différents âges appartenant à l'une et à l'autre de ces espèces ; les différences que nous venons d'indiquer se retrouvent chez les plus développés comme chez les plus jeunes.

Localités. — Biarritz (falaise du phare Saint-Martin). Abondant. — Montfort, carrières de Christian, de la Veine et de Bertranon, Gibret, côteau de Gayot, Laplante (Landes). — Couche à *Eupatagus ornatus*.

Ce n'est pas sans quelque doute que nous réunissons au *Sch. rimosus* les échantillons assez abondants qu'on rencontre dans les carrières des environs de Montfort : leur taille est en général moins développée, leurs ambulacres moins profonds, leur sommet plus central. Quelques-uns nous paraissent se rapprocher davantage du *Sch. Leymeriei* ou du *Periaster Delbosii* ; du reste, la plupart de ces exemplaires sont écrasés, déformés, et il est difficile de reconnaître d'une manière positive leurs caractères spécifiques.

Le *Schiz. rimosus* se trouve-t-il parmi les *Schizaster* si nombreux et si variables dans leur taille, qu'on rencontre au rocher du Goulet près Biarritz, dans les couches à *Serpula spirulœa?*... Nous en doutons encore : M. Pellat et moi nous ne l'y avons jamais recueilli ; le seul échantillon qui pourrait être réuni à cette espèce nous a été communiqué par M. Kœchlin-Schlumberger ; il ne se distingue réellement du type que par sa forme un peu plus ovoïde, sa face postérieure moins acuminée et son sillon antérieur plus étroit.

Coll. d'Archiac, Leymerie, Kœchlin-Schlumberger, ma collection.

83. Schizaster Ambulacrum, Agassiz, 1840. (*Spatangus*, Deshayes, 1831.)

Spat. Ambulacrum, Deshayes, *Coq. caract.*, p. 225,
pl. VII, fig. 4, 1831. — *Schiz. Ambulacrum*, Agassiz, *Catal. syst. Ech. foss.*, p. 3, 1840. — *Id.*, d'Archiac, *Desc. des foss. numm.*, Mém. Soc. géol. de
France, 2e série, t. III, p. 427, 1850. — *Id.*, Leym.
et Cott., *loc. cit.*, p. 341, 1856.

Cette espèce est fort rare et provient certainement des
falaises de Biarritz. — Le type existe dans la collection de
M. Michelin ; il se distingue des deux espèces précédentes par
sa forme plus courte et plus ramassée, son sommet ambulacraire plus central, son périprocte beaucoup plus développé.

Localité. — Biarritz (rocher du Goulet, à en juger par la
couleur de l'exemplaire que nous connaissons). Rare. Éocène,
groupe nummulitique, couche à *Serpula spirulœa.* — École
des mines (Coll. Michelin.)

84. Schizaster Beloutchistanensis, Haime, 1853.

Spat. acuminatus, J. de C. Sowerby, *Geol. trans.*, 2e sé-
rie, t. V, p. 4, pl. XXIV, fig. 23, 1840 (non Goldf.).
— *Schiz. Beloutchistanensis*, d'Archiac et Haime,
Foss. numm. de l'Inde, p. 22, pl. XV, fig. 9 *a, b, c,*
1853. — *Id.*, Leym. et Cott., *loc. cit*, p. 341, 1856.
— *Id.*, d'Arch., *Note sur les foss. numm. de l'Ariége*,
Bull. Soc. géol. de Fr., 2e sér., t. XVI, p. 787, 1859.

Les échantillons que nous rapportons au *Sch. Beloutchistanensis*, ne se distinguent par aucun caractère essentiel des
figures données par MM. d'Archiac et Haime, dans la description des animaux fossiles du groupe nummulitique de
l'Inde, et malgré l'éloignement des localités, nous avons
cru devoir les réunir à cette espèce Deux exemplaires nous
ont été tout récemment communiqués par M. Raulin, qui les
a recueillis à Hastingues, dans les Landes : l'un d'eux présente bien les caractères du type; l'autre est plus allongé,
plus étroit en avant, plus gibbeux en arrière; cependant, il
ne nous paraît qu'une variété du *Sch. Beloutchistanensis.*

Localités.— Hastingues (Landes) ; Aude, Montégut (Ariége). Rare. Éocène, groupe nummulitique. — Coll. Raulin, Deshayes (Tallavignes), Pouech.

Loc. autres que les Pyrénées. — Saint-Michel du Fay (Catalogne) ; Chaîne d'Hala (Sinde) ; Baboa-Hill (province de Cutch).

85. Schizaster Leymeriei, Cotteau, 1856. Pl. VII, fig. 4-8.

> *Schiz. Leymeriei* (individu jeune), Leym. et Cott., *loc. cit.*, p. 341 , 1856. — *Periaster Leymeriei*, Desor, *Synops. des Échin. foss.*, p. 386 , 1857.

Espèce de taille assez forte, cordiforme, plus longue que large, sub-onduleuse au pourtour, légèrement échancrée en avant; face supérieure obliquement déclive, très-haute dans la région postérieure qui est marquée d'une carène dorsale, s'étendant du sommet au périprocte; face postérieure tronquée presque verticalement; face inférieure déprimée en avant, sub-convexe dans la région postérieure. Sommet ambulacraire central, un peu rejeté en avant. Sillon impair étroit, assez profond à la face supérieure, atténué vers l'ambitus, se prolongeant jusqu'au péristome. Ambulacres pairs profonds, sub-flexueux, très-inégaux, les antérieurs beaucoup plus longs que les autres. Périprocte elliptique, s'ouvrant au pied de la carène dorsale. Fasciole péripétale entourant de très-près les ambulacres; fasciole latéro-anal oblique, à peine flexueux.

Hauteur, dans la région postérieure, 29 millimètres; diamètre transversal, 39 millimètres; diamètre antéro-postérieur, 41 millimètres.

Dans les individus jeunes, la forme générale est un peu plus allongée, plus globuleuse, et le sommet plus excentrique en avant.

Localités. — Biarritz (rocher du Goulet), Bayonne, sur la route de Villefranque. Assez commun, mais toujours déprimé; Montfort (Landes). Éocène, groupe nummulitique, couche à *Serp. spirulæa.* — Collect. Leymerie, Delbos, Kœchlin-Schlumberger, Pellat, ma collection.

Il est probable qu'au rocher du Goulet se rencontre encore une autre espèce de *Schizaster*, mais les exemplaires jusqu'ici connus sont trop déformés pour pouvoir être décrits : l'un d'eux recueilli par nous est remarquable par sa grande taille, sa forme très-renflée, son sommet ambulacraire très-excentrique en avant, son sillon impair nul à l'ambitus, sa face postérieure tout-à-fait plane.

EXPLICATION DES FIGURES.— Pl. VII, fig. 4, *Schiz. Leymeriei*, vu de côté, de la coll. de M. Pellat ; fig. 5, face sup.; fig. 6, indiv. plus jeune, vu de côté, de la coll. de M. Leymerie; fig. 7, indiv. très-jeune, de la coll. de M. Kœchlin, vu de côté ; fig. 8, face supér.

86. SCHIZASTER SCILLÆ, Agassiz, 1840 (*Spatangus*, Leske, 1778).

> *Spat. Scillæ*, Des Moulins, *Études sur les Éch.*, p. 392, nº 24, 1837. — *Schiz. Scillæ*, Agassiz et Desor, *Catal. rais. des Éch.*, Ann. sc. nat., 3ᵉ sér., t. VIII, p. 21, 1847. — *Id.*, Leym. et Cott., *loc. cit.*, p. 342, 1856. — *Id.*, Desor, *Synops. des Éch. foss.*, p. 389, 1857. — P. 86.

Dans le Catalogue de 1856, nous avons éclairci la synonymie fort embrouillée de cette espèce, en remplaçant le nom d'*Eurynotus* par celui de *Scillæ* que M. Des Moulins lui avait donné dans l'origine. Depuis nous avons eu la satisfaction de voir cette opinion adoptée par le savant auteur du *Synopsis.*

Localité. — Perpignan (Pyrénées-Orientales). Assez abondant. Miocène. — École des Mines de Paris, coll. Michelin, Des Moulins.

Loc. autres que les Pyrénées. — Bonifacio (Corse); Santa-Manza, Cagliari, Malte ; Palerme (Sicile).

XXVIIme Genre. TOXOBRISSUS, Desor, 1857.

Test de petite taille, oblong, sub-cordiforme, en général déprimé. Sillon antérieur large, plus ou moins apparent. Ambulacre impair différent des autres. Ambulacres pairs pétaloïdes, médiocrement excavés, inégaux, formant ensemble, de chaque côté du sommet ambulacraire, deux arcs ou croissants qui se touchent par leur convexité ; les zones porifères internes sont en partie atrophiées près du sommet, et les pores deviennent très-petits, simples, non-conjugués. Tubercules fins et serrés au-dessus de l'ambitus, plus gros et plus espacés à la face inférieure. Péristome excentrique en avant, transversal, labié. Périprocte ovale, placé au sommet de la face postérieure. Fasciole péripétale et fasciole sous-anal.

Toutes les espèces du genre *Toxobrissus* appartiennent au terrain tertiaire.

87. Toxobrissus elegans, Desor, 1857 (*Spatangus*, Des Moulins, 1837).

> *Spat. Grignonensis* (pro parte ?), Des Moulins, *Ét. sur les Éch.*, p. 390, n° 22, 1837. — *Brissopsis elegans*, Agassiz, *Catal. syst.*, p. 3, 1840. — *Id.*, d'Archiac, *Descrip. des foss. numm.*, Mém. Soc. géol. de France, 2ᵉ sér., t. III, p. 444, pl. X, fig. 20, 1850. — *Id*, Delbos, *Essai d'une description géolog. du bassin de l'Adour*, p. 315, 1855. — *Id.*, Leym. et Cott., *loc. cit.*, p. 339, 1856. — *Toxobrissus elegans*, Desor, *Synops. des Ech. foss.*, p. 399, 1857.

Nous conservons provisoirement à nos échantillons le nom d'*elegans*, tout en reconnaissant que ce nom a été donné, dans l'origine, par Agassiz à une espèce provenant du calcaire grossier de Saint-Estèphe, et qui pourrait bien être différente de celle qui nous occupe.

Parmi les exemplaires que nous a communiqués M. Raulin, il en est un beaucoup plus grand que le type figuré par

M. d'Archiac : sa hauteur est de 21 millimètres, son diamètre transversal de 29 millimètres, et son diamètre antéro-postérieur de 41 millimètres; son sommet est plus excentrique en avant, ses ambulacres postérieurs plus longs et sa face supérieure beaucoup moins inégale dans les inter-ambulacres. Peut-être devra-t-on en faire une espèce particulière.

Localités. — Nousse, Montfort, Hastingues (Landes); Bayonne, route de Villefranque (Basses-Pyrénées). Rare. Éocène, groupe nummulitique, 2ᵉ étage. — Coll. Raulin, Delbos.

Loc. autres que les Pyrénées. — Saint-Estèphe (Gironde)? Saint-Palais (Charente-Inférieure).

88. Toxobrissus Genei, Desor, 1857 (*Schizaster*. Sismonda, 1843).

> *Schiz. Genei*, Sismonda, *Ech. foss.*, *Piémont*, Mém, Ac. de Torino, 2ᵉ sér., t. IV, p. 124, pl. 1, fig. 4-5. 1843. — *Brissopsis Genei*, Agassiz et Desor, *Catal. rais. des Ech.*, Ann. sc. nat., 3ᵉ sér., t. VIII, p. 15, 1847. — *Id.*, Leym. et Cott., *loc. cit.*, p 333, 1856.

Localité. — Perpignan (Pyrénées-Orientales). Rare. Miocène (Agassiz).

Loc. autre que les Pyrénées. — Castel-Nuovo près d'Asti (Piémont).

XXVIIIᵐᵉ Genre. PRENASTER, Desor, 1853.

Test de petite taille, renflé, ovoïde. Sillon antérieur presque nul. Ambulacre impair différent des autres. Ambulacres pairs pétaloïdes, étroits, à peine excavés, inégaux, les antérieurs plus courts que les autres et très-écartés. Sommet ambulacraire excentrique en avant. Péristome transversal labié, s'ouvrant à la face inférieure près du bord. Périprocte ovale, placé au sommet de la face postérieure. Appareil apicial compacte, remarquable par le développement de la plaque madréporiforme qui traverse l'appareil. Fasciole péripétale incomplet, ne se fermant pas sur le devant, uni par une branche latérale au fasciole marginal qui entoure l'ambitus.

Le genre *Prenaster* commence à se montrer dans le terrain crétacé supérieur et caractérise surtout le terrain tertiaire inférieur qu'il ne paraît pas dépasser.

89. PRENASTER SUB-ACUTUS, Desor, 1857 (*Micraster*, d'Archiac, 1846).

> *Micr. sub-acutus*, d'Archiac, *Desc. des foss. des env. de Bayonne*, Mém. Soc. géol. de France, 2ᵉ sér., t. II, p. 201, pl. VII, fig. 15, 1846. — *Brissus sub-acutus*, Agassiz et Desor, *Catal. rais. des Éch.*, Ann. sc. nat., 3ᵉ sér., t. VIII, p. 14, 1847. — *Id.*, Delbos, *Essai d'une descr. géologique du bassin de l'Adour*, p. 315, 1855. — *Id.*, Leym. et Cott., *loc. cit.*, p. 338, 1856. *Prenaster sub-acutus*, Desor, *Synops. des Éch. foss.*, p. 402, 1857. — T. 45.

Localité. — Biarritz (rocher du Goulet?...). Rare. Éocène, groupe nummulitique, couche à *Serp. spirulæa.* — Collect. d'Archiac, Delbos.

90. PRENASTER JUTIERI, Desor, 1857 (*Brissus*, Kœchlin-Schlumberger, 1855). Pl. VII, fig. 9.

> *Brissus Jutieri,* Kœchl. Schlumb., *Note sur les foss. de Biarritz*, Bull. Soc. géol. de France, 2ᵉ sér., t. XII, p. 1244, pl. XXXIII, fig 3 et 4, 1855. — *Prenaster Alpinus* (non Desor), Leym. et Cott., *loc. cit.*, p. 339, 1856. — *Prenaster Jutieri*, Desor, *Synops. des Éch. foss.*, p. 402, 1857.

Nous ne reviendrons pas sur la description que M. Kœchlin-Schlumberger a donnée de cette petite espèce, remarquable par sa forme sub-circulaire, arrondie en avant, tronquée verticalement en arrière, son sommet très-excentrique et la longueur de ses ambulacres postérieurs. Dans l'exemplaire de

M. Kœchlin l'appareil apicial est parfaitement conservé : sa forme est allongée, sub-pentagonale ; ses pores génitaux sont égaux et pareillement espacés ; la plaque madréporiforme, étroite et très-étendue, s'insinue, comme dans les *Brissus*, entre les plaques génitales et ocellaires postérieures.

Dans un échantillon fort jeune, recueilli récemment par M. Pellat, le fasciole marginal, caractéristique du genre, est en grande partie visible, et ne laisse plus aucun doute sur la place générique assignée par M. Desor à cette curieuse espèce. L'exemplaire que nous avait communiqué M. Leymerie, et que nous avions rapporté, dans le Catalogue de 1856, au *Pren. Alpinus*, ne nous paraît qu'une variété du *Pren. Jutieri*, bien qu'il soit plus allongé et plus déprimé en avant.

Localité. — Biarritz (rocher du Goulet). Très-rare. Éocène, groupe nummulitique, couche à *Serp. spirulæa.*— Coll. Leymerie, Kœchlin-Schlumberger, Pellat.

Explication des Figures. — Pl. VII, fig. 9, appareil apicial grossi.

91. Prenaster Desori, Cotteau, 1863.

Espèce de taille moyenne, allongée, ovoïde, arrondie en avant, tronquée et un peu rentrante en arrière ; face supérieure renflée, obliquement déclive, ayant sa plus grande hauteur dans la région postérieure, au-dessus du périprocte ; face inférieure médiocrement bombée. Sommet ambulacraire très-excentrique en avant. Sillon antérieur tout-à-fait nul. Ambulacre pair très-étroit, à peine apparent, formé de pores très-petits, simples, arrondis, espacés. Ambulacres pairs sub-pétaloïdes, non excavés, très-allongés, les antérieurs droits, presque transverses, les postérieurs sub-flexueux, plus longs et formant entre eux un angle aigu ; zones porifères composées de pores ovales, obliques, unis par un sillon, simples, très-petits et atrophiés aux approches de l'appareil apicial. Zone inter-porifère étroite. Tubercules crénelés et perforés, à peine scrobiculés, inégaux, développés surtout dans la région antérieure, sur les bords de l'ambulacre impair ; à la face inférieure, dans l'inter-ambulacre impair, ils sont abondants, serrés, homogènes et se groupent en séries transverses et obliques très-régulières. Péristome rapproché du bord, semi-lunaire, muni d'une lèvre saillante. Périprocte très-grand, ovale, à fleur de test, s'ouvrant au sommet de la face postérieure. Appareil apicial à-peu-près identique par la structure et la disposition de ses plaques à celui du *Pr. Julieri* que nous avons décrit plus haut. Fasciole marginal très-visible en avant.

Hauteur, 20 millimètres ; diamètre transversal, 26 millimètres ; diamètre antéro-postérieur, 31 millimètres.

RAPPORTS ET DIFFÉRENCES. — Notre espèce se distingue du *P. Julieri* par sa forme beaucoup plus allongée, sa face postérieure légèrement rentrante, ses ambulacres antérieurs plus étroits, plus allongés, non excavés, son périprocte plus développé. Ce sont deux espèces certainement distinctes. Le *P. Desori* ne saurait non plus être confondu avec le *P. sub-acutus*, espèce bien plus petite, étroite, cylindrique, à ambulacres excavés, à rostre anal acuminé.

Localité. — Hastingues (Landes). Rare. Éocène, calcaire à nummulites. — Collection Raulin.

XXIXe Genre. BRISSUS, KLEIN, 1734.

Test de grande et moyenne taille, allongé, ovoïde, plus ou moins renflé. Sillon antérieur à-peu-près nul. Ambulacre impair différent des autres. Ambulacres pairs pétaloïdes, plus ou moins excavés, les antérieurs transverses, tandis que les postérieurs forment entre eux un angle aigu. Sommet ambulacraire excentrique en avant. Péristome situé à la face inférieure près du bord, transversal, labié. Périprocte ovale, très-grand, s'ouvrant au milieu de la face postérieure. Appareil apicial compacte ; quatre pores génitaux, les postérieurs plus grands et plus écartés que les antérieurs. Fasciole péripétale et fasciole sous-anal.

Toutes les espèces du genre *Brissus* appartiennent au terrain tertiaire et à l'époque actuelle.

92. BRISSUS ANTIQUUS, Desor, 1847.

> *Brissus antiquus*, Agassiz et Desor, *Catal. rais. des Éch.*, Ann. Sc. nat., 3ᵉ série, t. VIII, p. 14, 1847. — *Id.*, Leym. et Cott., *loc. cit.*, p. 339, 1856. — *Id.*, Desor, *Synops. des Éch. foss.*, p. 405, 1857.

Localité. — Aurillac, près Bagnères-de-Bigorre (Hautes-Pyrénées). Rare. Éocène, groupe nummulitique. — Coll. Des Moulins.

93. BRISSUS DEPRESSUS, Cotteau, 1856. Pl. VII, fig. 10.
> *Brissus depressus,* Leym. et Cott., *loc. cit.*, p. 339, 1856.

Nous ne connaissons de cette espèce qu'un seul exemplaire assez incomplet, mais parfaitement caractérisé par sa forme oblongue, un peu échancrée en avant, rétrécie en arrière, sa face supérieure à peine bombée, sa face inférieure tout-à-fait plane, son sommet excentrique en avant, son ambulacre impair très-peu apparent, ses ambulacres pairs à fleur du test, ouverts à leur extrémité, les antérieurs presque horizontaux, les postérieurs plus allongés et formant entre eux un angle aigu.

Cette espèce est voisine du *Brissus antiquus* que nous ne connaissons que par la courte diagnose donnée par M. Desor. Elle en diffère cependant par sa taille plus petite et ses ambulacres non fléchis en avant.

Localité. — Bise (Aude). Très-rare. Éocène, groupe nummulitique. — Collection Leymerie.

EXPLICATION DES FIGURES. — Pl. VII, fig. 10, *B. depressus*, vu sur la face supérieure.

XXXᵉ Genre MACROPNEUSTES, AGASSIZ, 1847.

Test de grande taille, allongé, renflé, plus ou moins cordiforme. Sillon antérieur à peine apparent. Ambulacre impair différent des autres, formé de pores simples et très-petits. Ambulacres pairs pétaloïdes, allongés, peu excavés, les antérieurs en général un peu moins développés que les autres; Zones porifères formées, à leur extrémité supérieure, de pores simples et très-petits. Sommet ambulacraire excentrique en avant. Tubercules inégaux, les uns gros, scrobiculés, espacés, disposés sans ordre à la face supérieure, sur les cinq aires inter-ambulacraires; les autres fins, serrés abondants, homogènes et couvrant tout le reste du test. Péristome transversal, labié. Périprocte ovale, situé au sommet de la face postérieure. Appareil apicial compacte; quatre pores génitaux, les postérieurs plus écartés que les autres; plaque madréporiforme formant une bande étroite qui traverse l'appareil.

Le genre *Macropneustes* est spécial au terrain tertiaire.

94. MACROPNEUSTES BRISSOIDES, Desor, 1857. (*Spatangus*, Leske, 1778).

>*Spatangus brissoides*, Leske, *Dispos. Kleinii Echin.*, n° 86, p. 251, pl. XXVII, fig. B, 1778. — *Spat. punctatus*, de Gratel., *Ours. foss.*, p. 69, pl. I, fig. 2, 1836. — *Spat. brissoides*, Des M., *Études sur les Éch.*, p. 392, n° 28, 1837. — *Eupatagus brissoides*, Agassiz et Desor, *Catal. rais. des Éch.*, Ann. sc. nat., 3ᵉ sér., t. VIII, p. 10, 1847. — *Id.* d'Archiac, *Desc. des foss. numm.*, Mém. Soc. géol. de France, 2ᵉ sér. t. III, p. 426, 1850.—*Id.*, Leym. et Cott. *loc. cit.*, p. 338. *Macrop. brissoides*, Desor, *Synop. des Éch. foss.*, p. 410, 1857. — T. 97.

Localité. — Montfort (Landes). Assez commun. Éocène, groupe nummulitique. — Coll. Des Moulins, de Grateloup, ma collection.

95. MACROPNEUSTES PULVINATUS, Agassiz, 1847. (*Micraster*, d'Archiac, 1846).

>*Micr. pulvinatus*, d'Arch. *Desc. des foss. des env. de*

Bayonne, Mém. soc. géol. de France, 2ᵉ sér., t. II,
p. 201 , pl. VI, fig. 1 , 1846. — *Macrop. pulvinatus*,
Agass. et Des., *Catal. rais. des Éch.*, Ann. sc. nat.,
3ᵉ sér., t. VIII, p. 8, 1847. — *Id.*, Delbos, *Essai
d'une desc. géol. du bassin de l'Adour,* p. 315, 1855.
— *Id.* Leym. et Cott., *loc. cit.*, p. 337, 1856. — *Id.*
Des., *Synops. des Éch. foss.*, p. 411 , 1857. — T. 41.

L'exemplaire figuré par M. d'Archiac et qui a servi de type
à l'espèce est un individu jeune. M. Pellat vient de nous
communiquer un échantillon dont la taille est beaucoup plus
considérable : sa hauteur est de 45 millimètres ; son diamètre
transversal de 84 millimètres et son diamètre antéro-postérieur
de 91 millimètres. L'animal en vieillissant perd son aspect
cordiforme ; la face inférieure devient plus plate, les bords
moins arrondis ; le sillon antérieur est relativement moins
prononcé vers l'ambitus ; les ambulacres se dépriment un
peu ; la face supérieure paraît plus gibbeuse et plus carrée.
Malgré ces différences les deux exemplaires appartiennent
certainement à la même espèce.

Localités. — Biarritz (rocher du Goulet) ; Baigtz, carrière
de Parevant (Landes). Rare. Éocène, groupe nummulitique,
couche à *Serp. spirulæa.* — Coll. d'Archiac, Pellat, Delbos,
ma collection.

96. Macropneustes Pellati, Cotteau, 1863. Pl. VIII,
fig. 1-2.

Espèce de grande taille , sub-cordiforme, un peu échancrée
en avant , rétrécie en arrière ; face supérieure renflée en forme
de toit , sub-conique, brusquement déclive dans la région
antérieure , beaucoup moins sensiblement inclinée entre le
sommet et le bord postérieur ; face anale tronquée presque
verticalement , déprimée au milieu , légèrement rentrante ;
face inférieure sub-convexe , notamment à l'extrémité postérieure de l'aire inter-ambulacraire impaire. Sommet très-
excentrique en avant. Ambulacre impair composé de pores

espacés et très-petits, logés dans un sillon presque nul au sommet, large et assez profond vers l'ambitus. Ambulacres pairs étroits, allongés, assez profondément creusés, ouverts à leur extrémité, les antérieurs très-divergents, presque horizontaux, les postérieurs un peu plus longs et formant entre eux un angle aigu. Aux approches du sommet, comme dans toutes les espèces du genre, les pores ambulacraires s'amoindrissent et semblent atrophiés. Tubercules abondants, très-petits et serrés vers l'ambitus, plus gros et plus espacés à la face supérieure, dans chacune des aires inter-ambulacraires. Périprocte sub-elliptique, s'ouvrant au sommet de la face postérieure. Appareil apicial très-déprimé, sub-pentagonal, un peu allongé, les deux pores génitaux antérieurs moins grands et plus rapprochés que les deux autres; plaque madréporiforme étroite, longue, s'insinuant entre les plaques génitales et ocellaires postérieures, et pénétrant un peu dans l'inter-ambulacre impair.

Hauteur, 37 millimètres; diamètre transversal, 66 millimètres; diamètre antéro-postérieur, 71 millimètres.

Rapports et différences. — Cette curieuse espèce ne saurait être confondue avec aucun de ses congénères; elle sera toujours parfaitement reconnaissable à sa face supérieure sub-conique en avant et déclive sur les côtés en forme de toit, à ses ambulacres étroits, allongés, assez fortement déprimés, à sa face postérieure brusquement tronquée et un peu rentrante.

Localité. — Biarritz (rocher du Goulet). Très-rare. Éocène, groupe nummulit., couche à *Serp. spirulæa.* — Coll. Pellat.

Explication des Figures. — Pl. VIII, fig. 1, *Macrop. Pellati,* vu de côté, de la collection de M. Pellat; fig. 2, appareil apicial grossi.

XXXIme Genre. BRISSOPATAGUS, Cotteau, 1863.

Test de taille moyenne, ovale, médiocrement renflé en dessus, presque plane en dessous, sub-caréné dans la région postérieure. Sommet ambulacraire excentrique en avant. Sillon antérieur nul à la face supérieure, assez profond vers l'ambitus. Ambulacres pairs antérieurs courts, très-écartés, arrondis, situés dans une dépression large, sub-circulaire, atténuée en avant. Ambulacres postérieurs plus allongés, presque droits, formant entre eux un angle aigu. Péristome excentrique en avant, semi-circulaire. Périprocte elliptique, s'ouvrant à la face postérieure. Fascioles?...

RAPPORTS ET DIFFÉRENCES. — Le genre *Brissopatagus* appartient certainement à la famille des Spatangidées, et se place dans le voisinage des *Brissus* et des *Eupatagus*; la disposition anormale et toute particulière de ses ambulacres antérieurs pairs, suffit pour le séparer très-nettement de ces deux genres; aussi, bien que nous ne connaissions encore ni ses fascioles, ni son appareil apicial, nous n'avons pas hésité à en faire le type d'une coupe générique nouvelle.

Le genre *Brissopatagus* renferme deux espèces : celle que nous décrivons plus loin sous le nom *Brissopat. Caumonti*, et une seconde espèce provenant du terrain tertiaire de Tjidamar, dans l'île de Java, décrite et figurée par M. Herklots, sous le nom de *Spatangus*, et à laquelle nous donnons le nom de *Brissopat. Javanicus* [1]. Ces deux espèces sont fort rares et chacune d'elles n'est connue jusqu'ici que par un seul échantillon.

97 BRISSOPATAGUS CAUMONTI, Cotteau, 1863 Pl. VIII, fig. 3-7.

Espèce de taille moyenne, ovale, un peu étroite en avant, sub-acuminée en arrière; face supérieure médiocrement renflée, épaisse sur les bords, déprimée en dessus; face inférieure presque plane, présentant dans la région postérieure un renflement sub-caréné qui s'atténue aux approches du péristome. Sommet ambulacraire excentrique en avant. Sillon impair nul près du sommet, étroit et profond vers l'ambitus.

---

[1] *Fossiles de Java* par Herklots, *Échinodermes*, p. 15, pl. III, fig. 2, 1854.

Ambulacres pairs antérieurs, courts, très-divergents, arrondis en arrière, légèrement concaves en avant, situés dans une dépression sub-circulaire. Zones porifères formées de pores ovales, espacés, peu nombreux, plus larges que l'intervalle qui les sépare, inégales, les antérieures sensiblement plus étroites que les autres. Ambulacres pairs postérieurs longs, droits, peu excavés, très-rapprochés l'un de l'autre. Péristome assez grand, semi-circulaire, s'ouvrant à fleur du test. Périprocte petit, sub-elliptique, placé au sommet de la face postérieure.

Hauteur, 20 millimètres; diamètre transversal, 34 millimètres; diamètre antéro-postérieur, 40 millimètres.

Rapports et différences. — Voisine du *Brissopat. Javanicus,* cette espèce s'en distingue par sa taille beaucoup moins forte, son sillon antérieur plus étroit, ses ambulacres antérieurs plus arrondis en arrière, plus concaves en avant, ses ambulacres postérieurs plus allongés, plus étroits et formant entre eux un angle plus aigu.

Localité. — Biarritz (Rocher du Goulet). Très-rare. Éocène, groupe nummulitique, couches à *Serp. spirulæa.* Ma collection.

Explication des Figures. — Pl. VIII, fig. 3, *Brissopat. Caumonti,* vu de côté; fig. 4., face sup.; fig. 5, face inf., fig. 6, côté antérieur; fig. 7, ambulacres grossis.

XXXIIme Genre. BREYNIA, Desor, 1847.

Test de grande taille, allongé, sub-cordiforme, plus ou moins déprimé. Sillon antérieur large et peu profond. Ambulacre impair différent des autres, formé de pores très-petits et espacés. Ambulacres pairs pétaloïdes, cunéiformes, à peine visibles ou complètement atrophiés aux approches du sommet. Tubercules inégaux, les uns très-gros, scrobiculés, espacés, disposés sans ordre à la face supérieure, mais limités par le fasciole péripétale; les autres fins, serrés;

abondants, homogènes. Péristome excentrique en avant, transversal. Périprocte ovale, situé au sommet de la face postérieure. Trois fascioles : l'un interne, ovale, placé autour du sommet et entourant les quatre ambulacres, l'autre péripétale, très-rapproché de l'ambitus, le troisième sous-anal.

Le genre *Breynia* se rencontre dans le terrain tertiaire et à l'époque actuelle.

98. Breynia sulcata, Haime, 1853.

> *Breynia sulcata,* Haime et d'Archiac, *Anim. foss. de l'Inde*, p. 216, 1853. — *id.*, Leym. et Cott., *loc. cit.* p. 338, 1856. — *id.*, Desor, *Synops. des Éch. foss.* p. 409, 1857.

Localité. — Biarritz?... Très-rare. Éocène, groupe nummulitique.

Nous ne maintenons cette espèce qu'avec beaucoup de doute parmi les Échinides des Pyrénées ; il ne nous a pas été possible de retrouver l'original cité par Haime, comme appartenant à la collection Michelin.

XXXIIIme Genre. EUPATAGUS, Agassiz, 1847.

Test de taille moyenne, allongé, sub-cordiforme, en général déprimé. Sillon antérieur médiocrement accusé. Ambulacre impair différent des autres. Ambulacres pairs pétaloïdes, fermés à leur extrémité, non excavés, sub-cunéiformes; les deux zones porifères antérieures se réduisent souvent aux approches du sommet, à de petits pores simples et à peine visibles. Tubercules de deux natures : les uns très-gros, scrobiculés, espacés, couvrant la face supérieure, à l'exception de l'aire inter-ambulacraire impaire qui en est dépourvue, toujours limités par le fasciole péripétale ; les autres tubercules plus serrés et plus petits. Péristome sub-excentrique en avant, transversal. Périprocte ovale, situé à la face postérieure. Fasciole péripétale et fasciole sous-anal.

Le genre *Eupatagus* est répandu dans le terrain tertiaire, et existe également à l'époque actuelle.

99. EUPATAGUS ORNATUS, Agassiz, 1847. (*Spatangus*, Defrance, 1827.)

> *Spat. ornatus*, Defr., *Dict. Sc. nat.*, t. L, p. 95, 1827. — *Id.*, de Grateloup, *Ours. foss.*, p. 72, 1836. — *Id.*, Des Moulins, *Ét. sur les Échin.*, p. 392, n° 23, 1837. — *Id.*, d'Archiac, *Desc. des foss. numm. des env. de Bayonne*, Mém. Soc. géol. de France, 2ᵉ série, t. II, p. 202, 1846. — *Eup. ornatus*, Agassiz et Desor, *Catal. rais. des Échin.*, Ann. Sc. nat., 3ᵉ sér., t. VIII, p. 9, 1847. — *Id.*, Kœchlin-Schlumberger, *Note sur les foss. de Biarritz*, Bull. Soc. géol. de France, 2ᵉ série, t. XII, p. 1237, 1855. — *Id.*, Delbos, *Essai d'une desc. géol. du bassin de l'Adour*, p. 317, 1855. — *Id.*, Leym. et Cott., *loc. cit.*, p. 337, 1856. — *Id.*, Desor, *Synops. des Échin. foss.*, p. 413, 1857. — M. 26., M. 27.

Localités. — Biarritz (au-dessus de la Roche percée); Préchac (Landes). Très-commun. Éocène, groupe nummulitique, couche à *Eupatagus ornatus.* — École des Mines; coll. Michelin, Leymerie, d'Archiac, Kœchlin-Schlumberger, Pellat, Triger, Guillier, ma collection.

Loc. autres que les Pyrénées. — Montserrat (province de Barcelone); St-Michel-du-Fay, Vich (Catalogne); Vicentin.

L'*Eupat. ornatus* ne nous paraît pas jusqu'ici avoir été recueilli, en France, autre part qu'à Biarritz et à Préchac. Tout récemment, M. Gosselet nous a communiqué un très-bel échantillon d'*Eupatagus* provenant du calcaire à Astéries de Langoiran (Gironde). Il offre assurément, au premier aspect, beaucoup de ressemblance avec l'espèce de Biarritz; il nous paraît cependant s'en distinguer par sa taille plus forte, sa forme plus large, sa face supérieure plus épaisse, ses tubercules inter-ambulacraires plus nombreux et moins gros,

et le fasciole qui les entoure plus large et plus flexueux. C'est
à ce même type qu'appartient probablement l'*Eupat. ornatus*
signalé par M. Raulin à Terre-Nègre, près Bordeaux [1].

100. Eupatagus Des Moulinsi, Cotteau, 1863. Pl. VII,
fig. 11.

Espèce de petite taille, allongée, fortement échancrée en
avant, rétrécie et sub-acuminée en arrière; face supérieure
médiocrement renflée, amincie sur les bords, sub-carénée
dans le sens du diamètre antéro-postérieur; face inférieure
presque plane, présentant en arrière un renflement qui correspond à l'inter-ambulacre impair. Sommet ambulacraire
excentrique en avant. Sillon impair nul près du sommet,
large et apparent vers l'ambitus. Ambulacres pairs antérieurs
divergents, sans cependant affecter une position horizontale;
ambulacres pairs postérieurs plus allongés, plus droits, formant entre eux un angle aigu. Zones porifères aussi larges
que l'intervalle qui les sépare. Tubercules circonscrits par le
fasciole péripétale, très-gros, peu nombreux, espacés. Périprocte assez grand, s'ouvrant au sommet de la face postérieure.
Fasciole non apparent dans l'échantillon que nous avons sous
les yeux.

Hauteur, 11 millimètres?... diamètre transversal, 27 millimètres; diamètre antéro-postérieur, 32 millimètres.

Rapports et différences. — Cette petite espèce est assurément très-voisine de l'*Eupat. ornatus*; cependant, en l'examinant avec soin, elle paraît en différer par plusieurs caractères importants. Indépendamment de sa taille, qui est
beaucoup plus petite, sa forme est plus allongée, plus anguleuse à l'ambitus, plus largement échancrée en avant, plus
acuminée en arrière; sa face supérieure est plus déclive sur
les côtés et présente une carène plus prononcée; le sommet

----

[1] *Indications fournies par les Échinides pour le classement du terrain
à Nummulites*, Bull. Soc. géol. de France, 2ᵉ série, t. V, p. 123, 1848.

ambulacraire est un peu plus excentrique en avant, et les ambulacres sont moins larges et moins effilés. Cette espèce offre également beaucoup de ressemblance avec l'*Eupatagus rostratus* de l'Inde [1]; elle nous a paru cependant s'en éloigner par sa taille un peu plus forte et relativement plus dilatée; par son sillon antérieur plus prononcé et ses gros tubercules moins nombreux. Ces différences ont assurément peu d'importance, et néanmoins doivent être prises en considération, lorsqu'il s'agit d'identifier des espèces vivant à des distances aussi éloignées.

Localité. — Biarritz (rocher du Goulet). Très-rare. Éocène, groupe nummulitique, couche à *Serpula spirulœa.* — Ma collection.

EXPLICATION DES FIGURES. — Pl. VII, fig. 11, *Eup. Des Moulinsi*, vu sur la face supérieure.

XXXIVme Genre. HEMIPATAGUS, Desor, 1858.

Test de taille petite ou moyenne, sub-cordiforme, en général déprimé. Sillon antérieur plus ou moins accusé. Ambulacre impair différent des autres, à peine visible. Ambulacres pairs pétaloïdes, non excavés, très-peu ouverts à leur extrémité, sub-cunéiformes. Tubercules de deux natures : les uns très-gros, scrobiculés, espacés, couvrant la face supérieure à l'exception de l'aire inter-ambulacraire impaire qui en est dépourvue, non limités par un fasciole; les autres tubercules plus serrés et plus petits. Plastron en général lisse comme s'il avait été usé. Péristome sub-excentrique en avant, transversal. Périprocte ovale, situé à la face postérieure. Point de fascioles.

Le genre *Hemipatagus* existe à l'époque tertiaire et dans les mers actuelles.

[1] D'Archiac et J. Haime. *Desc. des anim. nummul. de l'Inde*, p. 218, pl. XV, fig. 5 *a-b*, 1853.

101. Hemipatagus Pellati, Cotteau, 1863.

Espèce de très-petite taille, allongée, cordiforme, échancrée en avant, rétrécie, sub-acuminée et verticalement tronquée en arrière ; face supérieure renflée, saillante et carénée en arrière ; face inférieure très-plate, anguleuse sur les bords. Sommet ambulacraire sub-central. Sillon antérieur étroit vers le sommet, s'élargissant à l'ambitus qu'il échancre profondément, nul en dessous. Ambulacres pairs antérieurs divergents, sans cependant affecter une position horizontale ; ambulacres pairs postérieurs plus allongés, plus droits, plus ouverts à leur extrémité. Tubercules très-gros, inégaux, profondément scrobiculés, apparents surtout à la face supérieure et dans la région infrà-marginale. Périprocte ovale, s'ouvrant au sommet de la face postérieure. Péristome étroit, semilunaire, assez éloigné du bord antérieur. Fascioles nuls.

Hauteur, 7 millimètres ; diamètre transversal, 13 millimètres ; diamètre antéro-postérieur, 16 millimètres.

Rapports et différences. — L'*Hemipat. Pellati* ne saurait être confondu avec aucun de ses congénères ; il se distingue nettement de toutes les espèces que nous connaissons par sa petite taille, sa face supérieure renflée et carénée en arrière, sa face inférieure plate et anguleuse sur les bords, son sillon antérieur profondément accusé vers l'ambitus, ses tubercules très-gros, fortement scrobiculés en dessus et dans la région infrà-marginale.

Localité. — Biarritz (au pied du phare). Très-rare. Éocène, groupe nummulitique, couche à *Eupatagus ornatus.* — Coll. Pellat.

XXXVᵐᵉ Genre. PERICOSMUS, Agassiz, 1847.

Test épais, de taille moyenne ou grande, large, étalé, sub-cordiforme. Sillon antérieur plus ou moins profond. Ambulacre impair différent des autres ; ambulacres pairs antérieurs très-longs, droits, excavés ; ambulacres postérieurs un peu moins étendus que les autres. Tubercules petits, homogènes, épars, ordinairement un peu plus gros sur les bords du sillon antérieur. Péristome sub-excentrique en avant, transversal. Périprocte ovale, situé à la face postérieure. Deux fascioles, l'un péripétale et l'autre marginal.

Le genre *Pericosmus* renferme un petit nombre d'espèces propres la plupart au terrain miocène : deux seulement caractérisent le groupe nummulitique.

102. PERICOSMUS LEYMERIEI, Cotteau, 1863.

Espèce de grande taille, dilatée, un peu plus large que longue, sub-cordiforme, étroite, et fortement échancrée en avant ; face supérieure uniformément bombée ; face postérieure rentrante ; face inférieure presque plate, légèrement renflée en arrière. Sommet ambulacraire sub-central. Sillon antérieur large, anguleux sur les bords, entamant profondément l'ambitus. Ambulacres pairs antérieurs longs et droits ; ambulacres pairs postérieurs un peu moins développés. Tubercules fins, serrés, inégaux, épars. Périprocte ovale, placé au sommet de la face postérieure. Fasciole péripétale étroit, sub-sinueux, apparent dans la région antérieure. Fasciole marginal situé vers l'ambitus, moins sinueux, à peine distinct dans l'exemplaire que nous avons sous les yeux.

Hauteur, 45 millimètres ; diamètre transversal, 80 millimètres ; diamètre antéro-postérieur, 82 millimètres.

RAPPORTS ET DIFFÉRENCES. — Cette espèce se distingue de toutes celles que nous connaissons et notamment du *Pericosmus latus* du terrain miocène de Corse, par sa forme un peu oblongue, sub-cordiforme et étroite en avant, son sillon antérieur large, profond, anguleux sur les bords et entamant fortement l'ambitus. — C'est un type très-curieux, et l'exemplaire unique que nous avons sous les yeux est parfaitement caractérisé par son double fasciole.

Localité.—Calcaire à mélonies, près Aurignac (Haute-Gar.). Très-rare. Éocène sup. (M. Leymerie). — Coll. Leymerie.

IV. RÉSUMÉ

Nous connaissons aujourd'hui *cent soixante et onze* espèces d'Échinides appartenant à la région des Pyrénées, c'est-à-dire recueillies dans les départements des Basses-Pyrénées, des Landes [1], des Hautes-Pyrénées, de la Haute-Garonne, de l'Ariége, de l'Aude et des Pyrénées Orientales.

Ces espèces sont réparties dans cinquante-quatre genres ; les dix-neuf suivants, renfermant trente-sept espèces, caractérisent le terrain crétacé et ne se retrouvent pas dans le terrain tertiaire :

	Esp.		Esp.
Codechinus, Desor	1	*Echinobrissus*, Breyn	1
Pedinopsis, Cotteau	1	*Echinocorys*, Breyn	1
Goniopygus, Agassiz	1	*Hemipneustes*, Agassiz	1
Pseudodiadema, Desor	2	*Holaster*, Agassiz	3
Hemipedina, Wright	1	*Offaster* Desor	1
Temnocidaris, Cotteau	1	*Cardiaster* Forbes	1
Pellastes, Agassiz	3	*Echinospatagus*, Breyn	3
Anorthopygus, Cotteau	1	*Isaster*, Desor	1
Discoidea, Klein	1	*Micraster* Agassiz	5
Echinoconus, Breyn	7		

Vingt-six genres sont spéciaux au terrain tertiaire et contiennent soixante et onze espèces.

	Esp.		Esp.
Echinus, Linné	1	*Scutella*, Lamarck	2
Psammechinus, Agassiz	1	*Clypeaster*, Lamarck	3
Hebertia, Michelin	1	*Cassidulus*, Lamarck	1
Echinopsis, Agassiz	1	*Echinanthus*, Breyn	14
Cœlopleurus Agassiz	1	*Pygorhynchus*, Agassiz	2
Porocidaris, Desor	1	*Echinolampas*, Gray	7
Echinocyamus, Agassiz	1	*Amblypygus*, Agassiz	2
Sismondia, Desor	1	*Periaster* d'Orbigny	9

[1] Nous avons rattaché au département des Landes la localité de Villagrains (Gironde), où se trouve un lambeau crétacé de la craie de Roquefort et de Tercis.

	Esp.		Esp.
Schizaster, Agassiz	6	*Brissopatagus*, Cotteau . .	1
Toxobrissus, Desor. . . .	2	*Eupatagus* Agassiz.	2
Prenaster, Desor.	3	*Breynia*, Desor	1
Brissus, Klein.	2	*Hemipatagus*, Desor. . . .	1
Macropneustes, Agassiz . .	3	*Pericosmus*, Agassiz. . . .	1

Neuf genres, enfin, représentés par trente-six espèces, sont communs au terrain crétacé et au terrain tertiaire :

	Esp. cr.	Esp. tert.		Esp. cr.	Esp. tert.
Micropsis, Cott. . .	3	1	*Pyrina*, Des Moul.	1	1
Cyphosoma, Agas.	6	4	*Conoclypeus*, Agas.	1	6
Rhabdocidar., Des.	2	1	*Cyclaster*, Cotteau.	2	1
Cidaris, Lamarck.	6	10	*Hemiaster*, Desor.	5	5
Salenia, Gray. . .	2	1			

Sur nos cent soixante et onze espèces des Pyrénées, deux seulement sont jurassiques; soixante-sept proviennent de la formation crétacée, et cent-deux de la formation tertiaire.

Les espèces jurassiques étaient connues antérieurement; l'une indique la présence du lias, la seconde caractérise le coral-rag inférieur.

Parmi les espèces crétacées, vingt et une ont été rencontrées dans les couches inférieures ou moyennes, et quarante-six sont propres aux couches supérieures. Sur ces soixante-sept espèces, trente-cinq sont propres à la région qui nous occupe. Restent trente-deux espèces qui ont été signalées dans des localités autres que les Pyrénées; douze proviennent du terrain crétacé inférieur et moyen, et vingt appartiennent au terrain crétacé supérieur.

Parmi les cent deux espèces tertiaires, quatre-vingt-treize appartiennent au terrain éocène (groupe nummulitique), et neuf seulement proviennent du terrain miocène. Sur ces cent deux espèces, quatre-vingt-trois sont propres à la région Pyrénéenne, et appartiennent à la faune nummulitique, à l'exception de deux espèces, le *Conoclypeus semiglobus* et le *Cidaris Paulensis*, qui sont miocènes. Dix-neuf espèces seulement existent dans des localités autres que les Pyrénées ; ce nombre relativement beaucoup moins considérable que celui des espèces crétacées, suffirait pour démontrer combien était tranché le caractère que présentait la faune tertiaire dans la région qui fait l'objet de ce travail ; sur ces dix-neuf espèces, douze proviennent du terrain tertiaire inférieur, et sept seulement se rencontrent dans le terrain tertiaire moyen ou miocène.

Les cent soixante et onze espèces d'Échinides que nous avons signalées, sont très-inégalement réparties dans chacun des sept départements qui constituent la région pyrénéenne ; la plupart des espèces se groupent dans les localités qui leur sont propres, et les départements n'offrent qu'un nombre relativement restreint d'Échinides communs.

Le tableau synoptique suivant présente toutes les espèces classées par terrains d'abord et zoologiquement ensuite dans chacun de ceux-ci. Les espèces qui jusqu'à présent ont été signalées dans des localités autres que les Pyrénées sont en *italique*, ce qui permet de les reconnaître à première vue. Les diverses colonnes montrent l'ensemble des petites faunes départementales et les rapports qu'elles présentent entre elles.

TABLEAU SYNOPTIQUE
DES ECHINIDES PYRÉNÉENS
et leur distribution dans chaque département.

NOMS DES GENRES et DES ESPÈCES.	Basses-Pyrén.	Landes.	Hautes-Pyrén.	Haute-Caronne.	Ariège.	Aude.	Pyr.-Orientales.
TERRAIN JURASSIQUE.							
Rhabdocidaris *Moraldina*, Des.				*			
— *nobilis*, id.				*			
TERRAIN CRÉTACÉ INFÉRIEUR ET MOYEN.							
Codechinus *Tallavignesi*, Cot.						*	
Pedinopsis *Meridanensis*, id.						*	
Goniopygus Noguesi, id.		*					
Cyphosoma Aquitanicum, id.		*					
— Meridanense, id.						*	
Pseudodiadema Malbosi, id.						*	
— Trigeri, id.						*	
Rhabdocidaris Tournali, Des.						*	
Cidaris Pyrenaica, Cot.		*			*	*	
— *gibberula*, Ag.						*	
— *velifera*, Bron.					*		
Salenia *Prestensis*, Des.						*	
Peltastes *stellulatus*, Ag.		*					
— Archiaci, Cot.						*	
— *Studeri*, id.					*		
Anorthopygus *orbicularis*, Cot.		*					
Discoidea *conica*, Des.					*		
Echinospatagus *cordiformis*, Preyn.							*
— *Collegnui*, d'Orb.					*	*	
— Leymeriei, Cot.						*	
Hemiaster *Phrynus*, Des.					*		
TERRAIN CRÉTACÉ SUPÉRIEUR.							
Micropsis Desori, Cot.				*			
— Leymeriei, id.				*			
— microstoma, id.				*			
Hemipedina *miliaris*, id.						*	
Cyphosoma Archiaci, id.						*	
— *perfectum*, Ag.		*					
— *Delaunayi*, Cot.		*					

NOMS DES GENRES et DES ESPÈCES.	Basses-Pyrén.	Landes.	Hautes-Pyrén.	Haute-Garonne.	Ariége.	Aude.	Pyr.-Orientales.
Cyphosoma *magnificum*, Ag				*			
Temnocidaris magnifica, Cot				*			
Rhabdocidaris Noguesi, id						*	
Cidaris Ramondi, Leym				*			
— *sub-vesiculosa*, d'Orb						*	
— *Faujasi*, Des				*			
— mamillata, Cot						*	
Salenia *Heberti*, id		*					
Discoidea Archiaci, id						*	
Echinoconus sulcatus, d'Orb		*					
— Tercensis, Cot		*					
— gigas, id				*			
— *conicus*, Breyn						*	
— *sub-conicus*, d'Orb		*					
— Raulini, id		*					
— minimus, Cot		*					
Pyrina Ataxensis, id						*	
— *Petrocoriensis*, Des M						*	
Echinobrissus Leymeriei, Cot				*			
Conoclypeus *Ovum*, Ag		*					
Echinocorys *vulgaris*, Breyn	*	*	*	*		*	
Holaster	*						
Holaster *integer*, Ag						*	
— Tercensis, Cot		*					
Offaster *pillula*, Des		*		*			
Cardiaster punctatus, Cot				*			
Hemipneustes *striato-radiatus*, Ag			*				
Isaster Aquitanicus, Des		*					
Micraster *cor-testudinarium*, Ag		*		*		*	
— *Matheroni*, Des						*	
— Gleizezei, Leym			*				
— Tercensis, Cot		*					
— *sub-carinatus*, id		*					
Cyclaster integer, id		*					
— pyriformis, id		*					
Hemiaster *nasutulus*, Sorign		*		*			
— Desori, d'Arch						*	
— *Verneuilli*, Des						*	
— constrictus, Cot				*			
TERRAIN TERTIAIRE INTÉRIEUR.							
Echinus Leymeriei, Cot					*		
Psammechinus Biarritzensis, id	*						
Hebertia Meridanensis, id					*		

NOMS DES GENRES et DES ESPÈCES.	Basses-Pyrén.	Landes.	Hautes-Pyrén.	Haute-Garonne.	Ariége.	Aude.	Pyr.-Orientales.
Micropsis Biarritzensis, Cot.	*						
— Nummulitica, id.		*					
Cyphosoma Atacicum, id.						*	
— Noguesi, id.						*	
— Pellati, id.	*						
— *cribrum*, Ag.	*				*		
Echinopsis arenata, Des.	*						
Cœlopleurus Agassizii, d'Arch.	*						
Rhabdocidaris Pouechi, Cot.					*		
Porocidaris serrata, Des.		*					
Cidaris pseudo-serrata, Cot.		*			*		
— Raulini, id.		*					
— Sabaratensis, id.					*		
— subularis, d'Arch.	*	*					
— prionata, Agass.	*						
— sub-serrata d'Arch.	*						
— striato-granosa, id.	*						
— interlineata, id.	*						
— sub-prionata, Rouault	*						
Salenia Pellati, Cot.	*						
Pyrina Raulini, id.					*		
Echinocyamus Biarritzensis, id.	*						
Sismondia planulata, Des.	*						
Scutella sub-tetragona, de Gratel.	*						
Cassidulus ovalis, Cot.			*				
Echinanthus Scutella, Des.			*				
— Delbosi, id.		*					
— Sopitianus, id.	*						
— heptagonus, id.		*					
— Wrighti, Cot.						*	
— sub-rotundus, Des.				*	*		
— latus, id.					*		
— Archiaci, Cot.					*		
— Pouechi, id.					*		
— *testudinarius*, Des.					*		
— Pyrenaicus, Cot.					*		
— Ataxensis, id.				*?	*	*	
— Biarritzensis, id.	*						
— Rayssacensis, id.					*		
— Pellati, id.	*						
Pygorhynchus *Grignonensis*, Ag.	*					*?	
— Desori, d'Arch	*						
Echinolampas *sub-similis*, id.	*	*					
— ellipsoidalis, id.	*						
— Raulini, Cot.		*					

NOMS DES GENRES et DES ESPÈCES.	Basses-Pyrén.	Landes.	Hautes-Pyrén.	Haute-Garonne.	Ariége.	Aude.	Pyr.-Orientales.
Echinolampas Leymeriei, Cot.						✸	
— Biarritzensis, id.	✸						
— Delbosi, id.	✸						
Amblypygus *Arnoldi*, Ag.	✸						
— Michelini, Cot.				✸			
Conoclypeus *conoideus*, Ag		✸				✸	
— Bordæ, id.		✸					
— Leymericanus, Cot.				✸			
— Pyrenaicus, id.				✸	✸		
— *marginatus*, Des.					✸		
Hemiaster complanatus, d'Arch.		✸					
— foveatus, Des.		✸					
— Alarici, Tall.						✸	
— canaliculatus, Cot.				✸			
— Pellati, id.	✸						
Cyclaster declivus, id.		✸					
Periaster *obesus*, Des.						✸	
— Orbignyanus, Cot.						✸	
— Heberti, id.	✸						
— verticalis, Des.	✸						
— Delbosi, Cot.		✸					
— Pyrenaicus, id.					✸		
— *Raulini*, id			✸			✸	
— Arizensis, id.					✸	✸	
— Biarritzensis, id.	✸						
Schizaster vicinalis, Ag	✸						
— rimosus, Des.	✸	✸					
— Ambulacrum, Ag.	✸						
— *Beloutchistanensis*, Haime.		✸			✸	✸	
— Leymeriei, Cot.	✸	✸					
Toxobrissus *elegans*, Des.	✸	✸					
Prenaster sub-acutus. id.	✸						
— Jutieri, id.	✸						
— Desori, Cot.		✸					
Brissus antiquus, Des.			✸				
— depressus, Cot.						✸	
Macropneustes brissoides, Des.		✸					
— pulvinatus, Ag.	✸	✸					
— Pellati Cot.	✸						
Brissopatagus Caumonti, id.	✸						
Breynia sulcata, Haime.	✸						
Eupatagus *ornatus*, Ag.	✸	✸					
— Des Moulinsi, Cot.	✸						
Hemipatagus Pellati, id.	✸						
Pericosmus Leymeriei, id.					✸		

NOMS DES GENRES et DES ESPÈCES.	Basses-Pyrén.	Landes.	Hautes-Pyrén.	Haute-Garonne.	Ariége.	Aude.	Pyr.-Orientales.
TERRAIN TERTIAIRE MOYEN ET SUPÉRIEUR.							
Cidaris Paulensis, Cot.		*					
Scutella *sub-rotunda*, Lam.		*					
Clypeaster *altus*, id.		*					
— *portentosus*, Des M.		*					
— *marginatus*, Lam.		*					
Echinolampas *hemisphæricus*, Ag.		*					
Conoclypeus semi-globus, Des.		*					
Schizaster *Scillæ*, Ag.							*
Toxobrissus *Genei*, Des.							
TOTAL	47	55	6	24	26	41	3

EXPLICATION DES PLANCHES

I	1-4	*Psammechinus Cailliaudi* Des.	No. 2
	5-9	— *Biarritzensis* Cott.	2 *bis*
	10-14	*Hebertia Meridanensis* Cott.	3
	14-17	*Micropsis Biarritzensis* Cott.	4
II	1-5	*Cyphosoma Pellati* Cott.	9
	6-11	— *Atacicum* Cott.	6
	12-14	*Rhabdocidaris Pouechi* Cott.	12
	15-16	*Porocidaris serrata* Des.	13
	17-22	*Cidaris pseudo-serrata* Cott.	15
III	1-3	*Pyrina Raulini* Cott.	25
	4-5	*Scutella subtetragona* de Grat.	28
	6-9	*Echinanthus subrotundus* Des.	39
IV	1-6	*Cassidulus ovalis* Cott.	33
	7-8	*Echinanthus Archiaci* Cott.	41
	9-10	— *Pouechi* Cott.	42
	11-14	— *testudinarius* Des.	43
V	1-3	— *Pyrenaicus* Cott.	44
	4-7	— *Wrighti* Cott.	38
	8-11	— *Ataxensis* Cott.	45

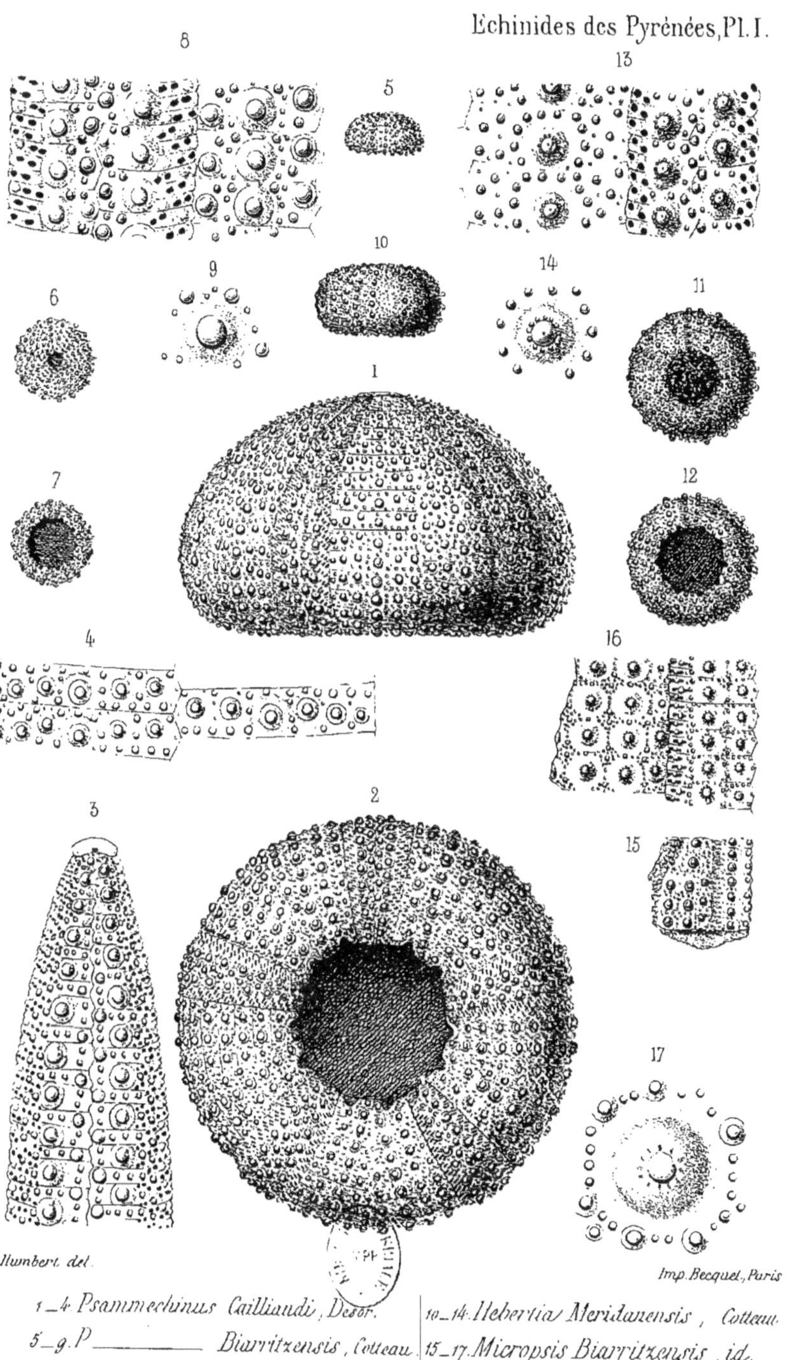

1_4. *Psammechinus Cailliaudi*, Desor.
5_9. P._________ *Biarritzensis*, Cotteau.
10_14. *Hebertia Meridanensis*, Cotteau.
15_17. *Micropsis Biarritzensis*, id.

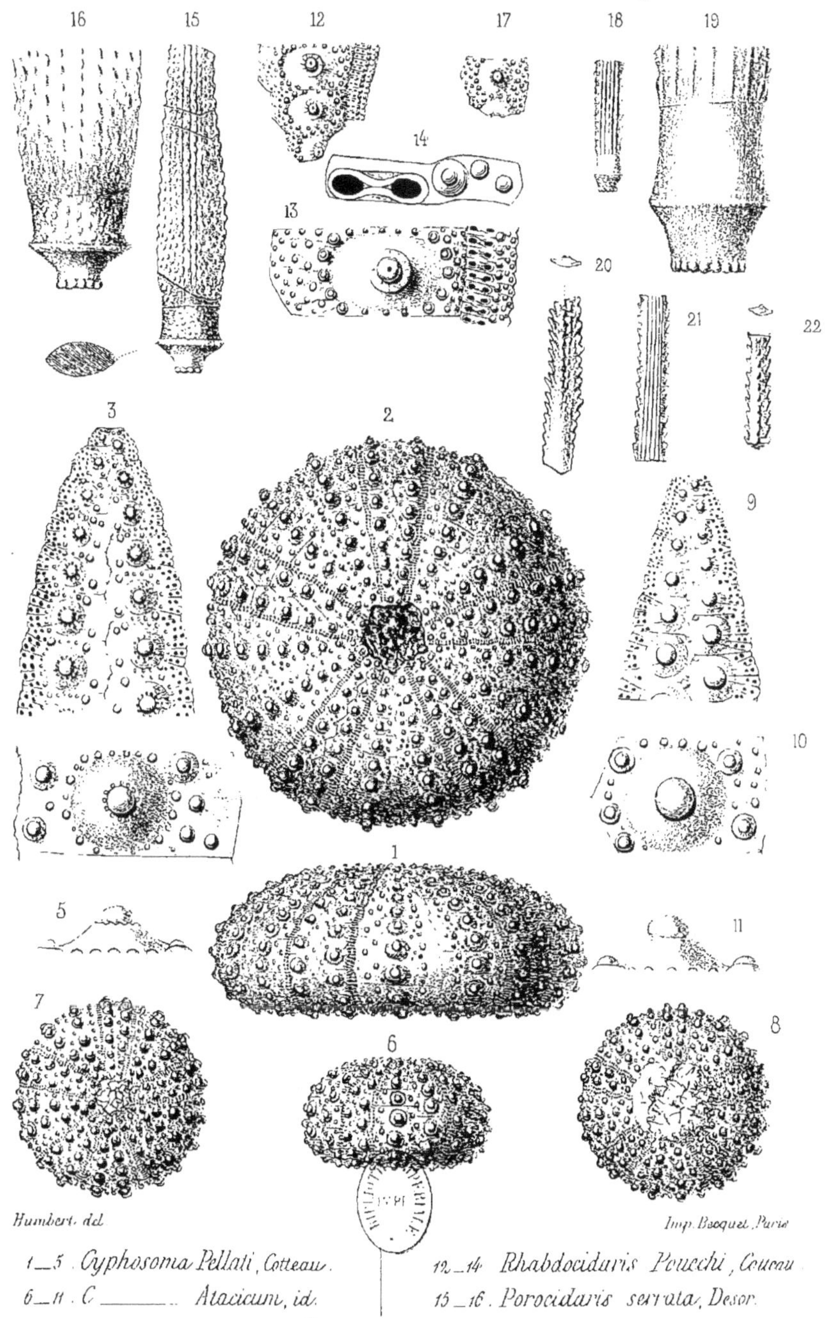

1_5. Cyphosoma Pellati, Cotteau.
6_11. C______ Atacicum, id.
12_14. Rhabdocidaris Poucchi, Cotteau.
15_16. Porocidaris serrata, Desor.
17_22. Cidaris pseudo-serrata, Cotteau.

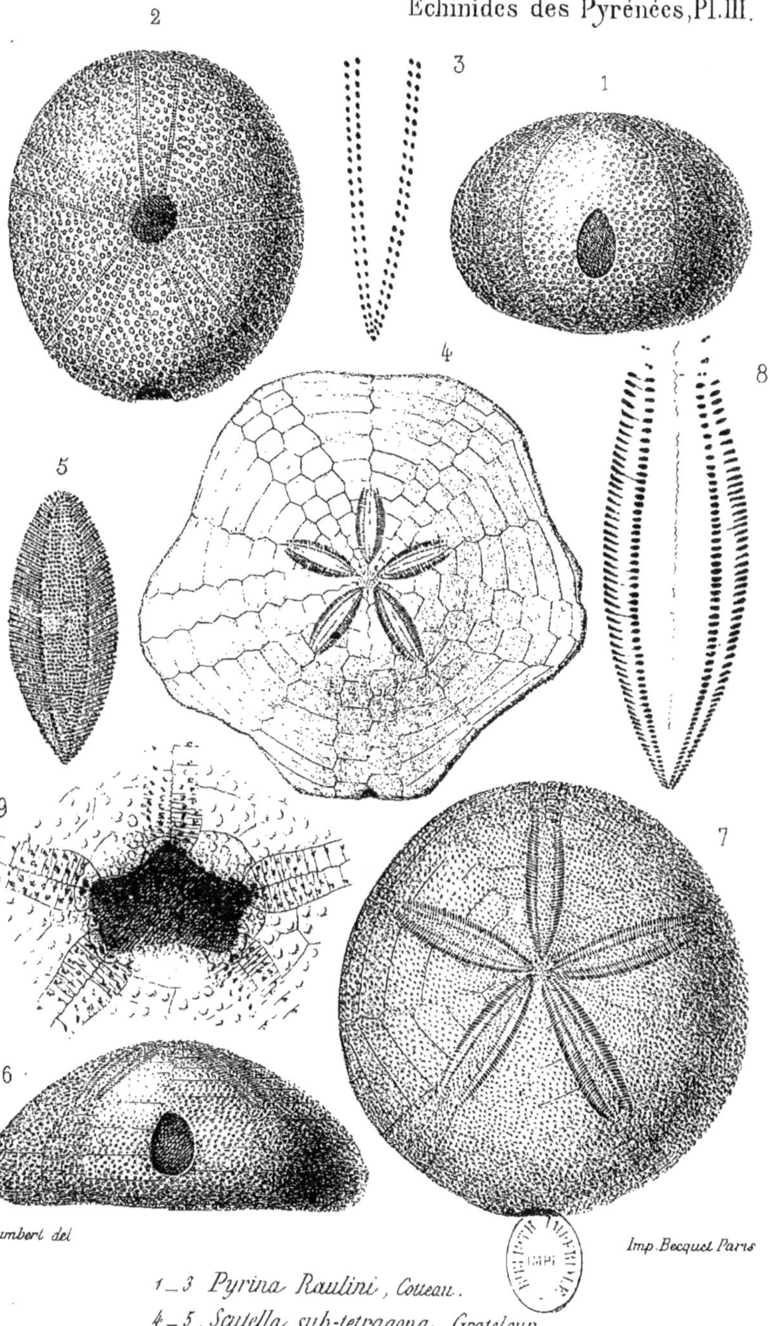

Jumbert del

Imp. Becquet Paris

1_3. *Pyrina Raulini*, Coteau.
4_5. *Scutella sub-tetragona*, Grateloup.
6_9. *Echinanthus sub-rotundus*, Desor.

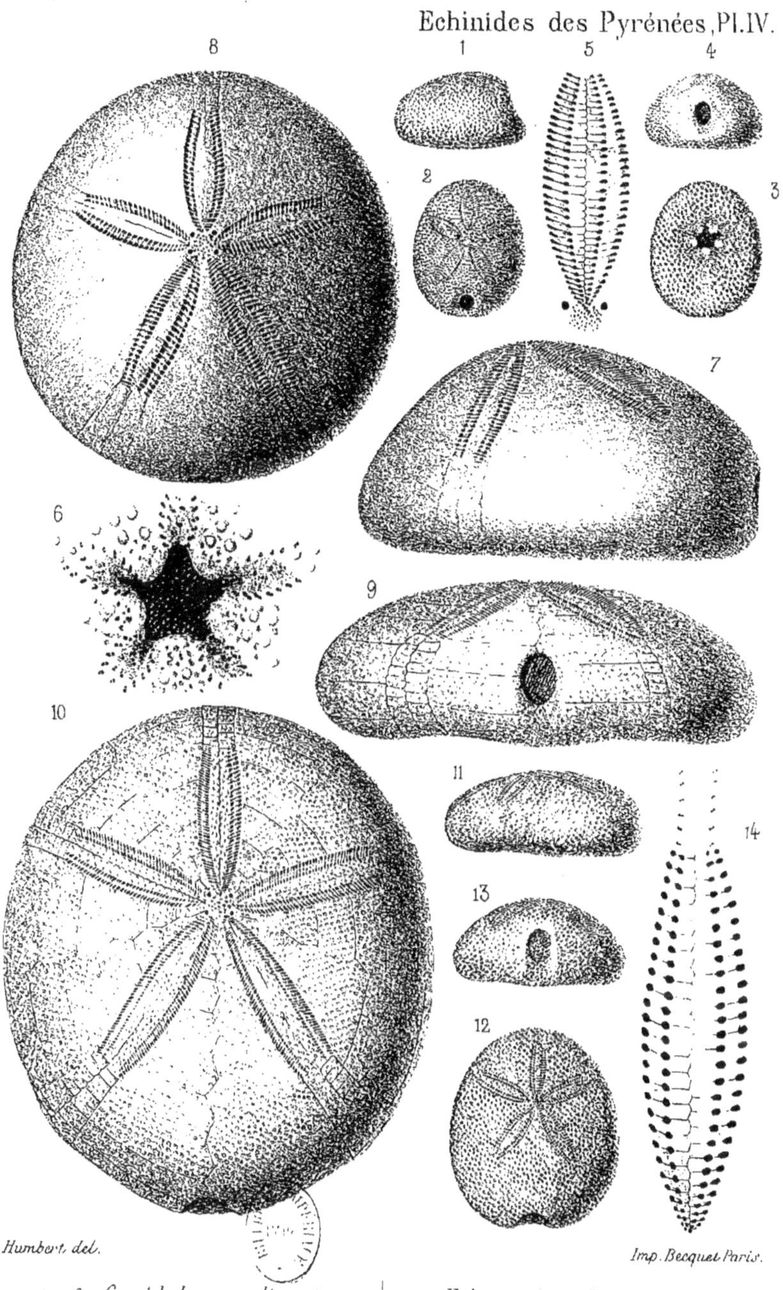

Humbert, del.

Imp. Becquet, Paris.

1—6. *Cassidulus ovalis*, Cotteau. | 9—10. *Echinanthus Pouechi*, Cotteau.
7—8. *Echinanthus Archiaci*, id. | 11—14. *E. ————— testudinarius*, id.

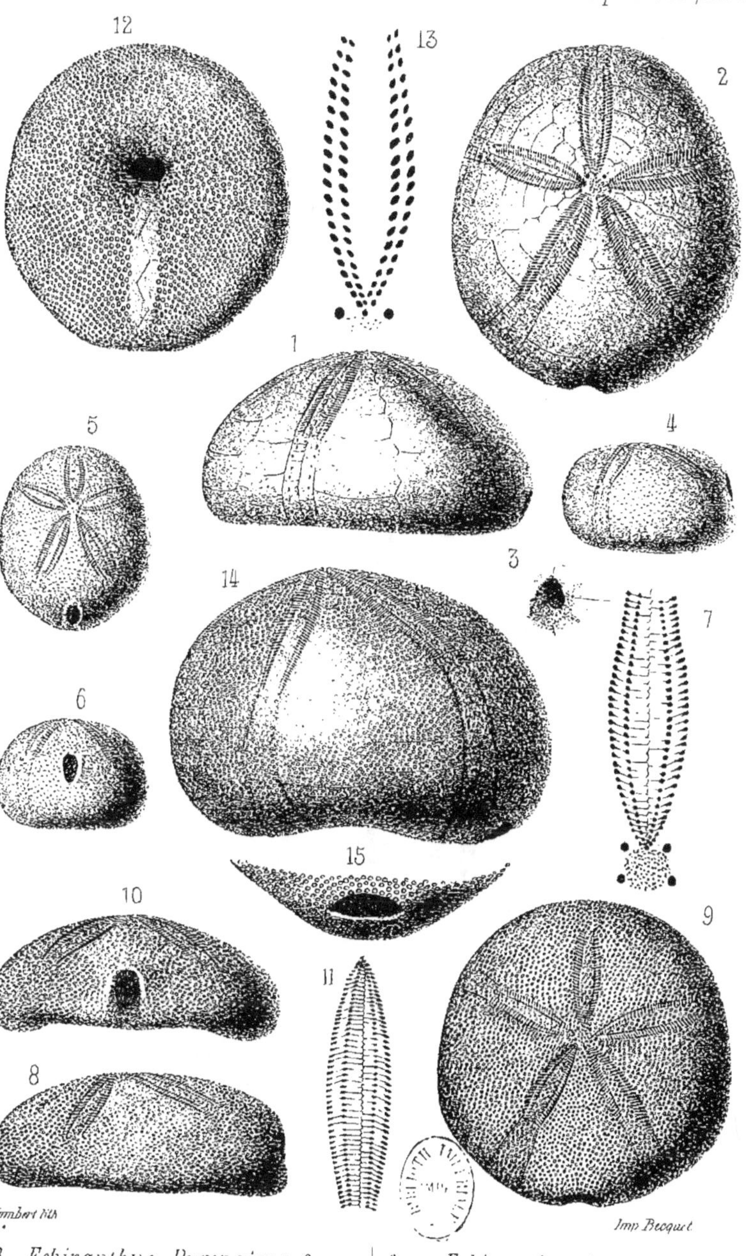

3 . *Echinanthus Pyrenaicus*, Cotteau. | 8_11 . *Echinanthus Ataxensis*, Cotteau.
7 . *E ________ Wrighti*, id. | 12_13 . *Pygorhynchus Desori*, d'Archiac.
14_15. *Echinolampas Biarritzensis*, Cotteau.

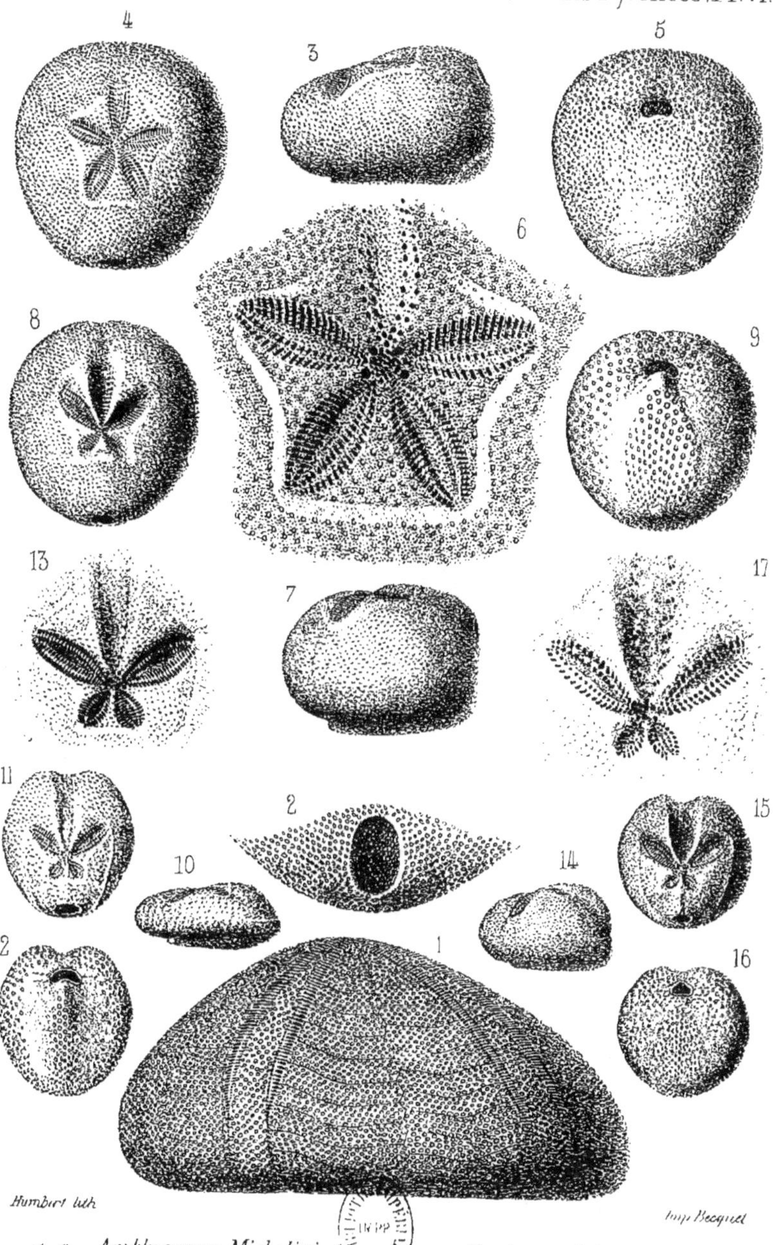

Humbert lith.

Imp. Becquet.

1-2. *Amblypygus Michelini*, Cotteau. 7-9. *Hemiaster Pellati*, Cotteau.
3-6. *Cyclaster declivus*, id. 10-13. *Periaster Arizensis*, id.
14-17. *Periaster Biarritzensis*, Cotteau.

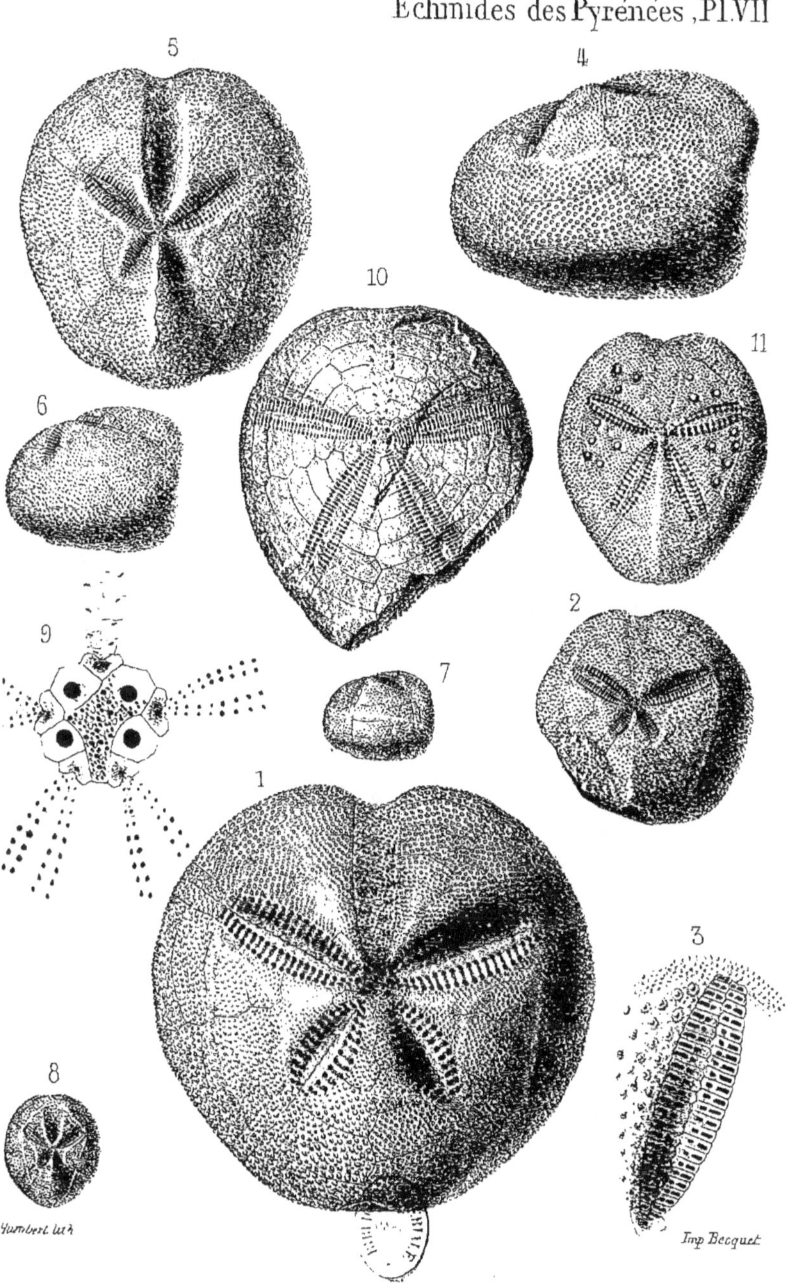

1 . Periaster Orbignyanus , Cottau.
2_3 . P———— Pyrenaicus ,   id .
4_8 . Schizaster Leymerici ,   id .
9 . Prenaster Jutieri , Desor.
10 . Brissus depressus , Cottau.
11 . Eupatagus Des Moulinsi, id.

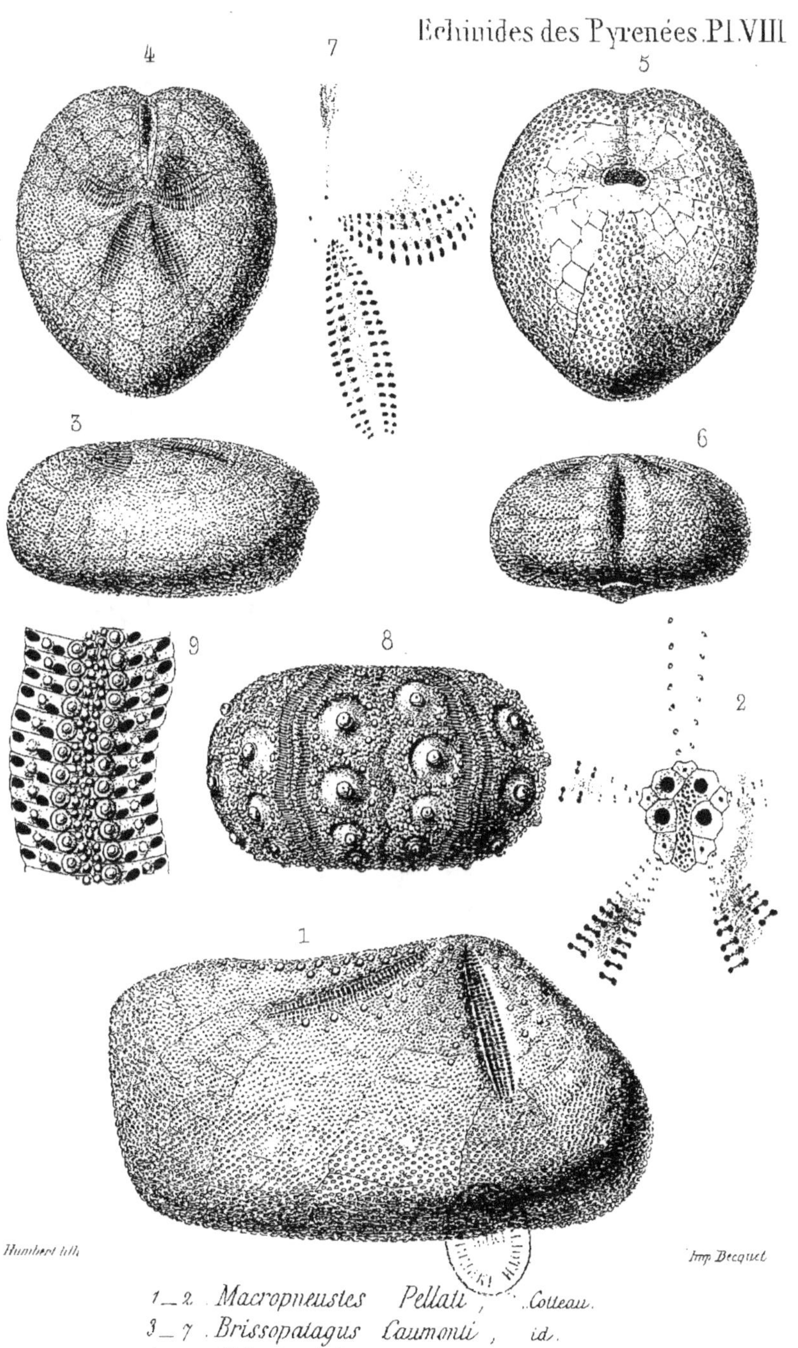

Humbert lith.

Imp. Becquet

1–2 . Macropneustes Pellati , Cotteau.
3–7 . Brissopatagus Caumonti , id.
8–9 . Cidaris Sabaratensis , id.

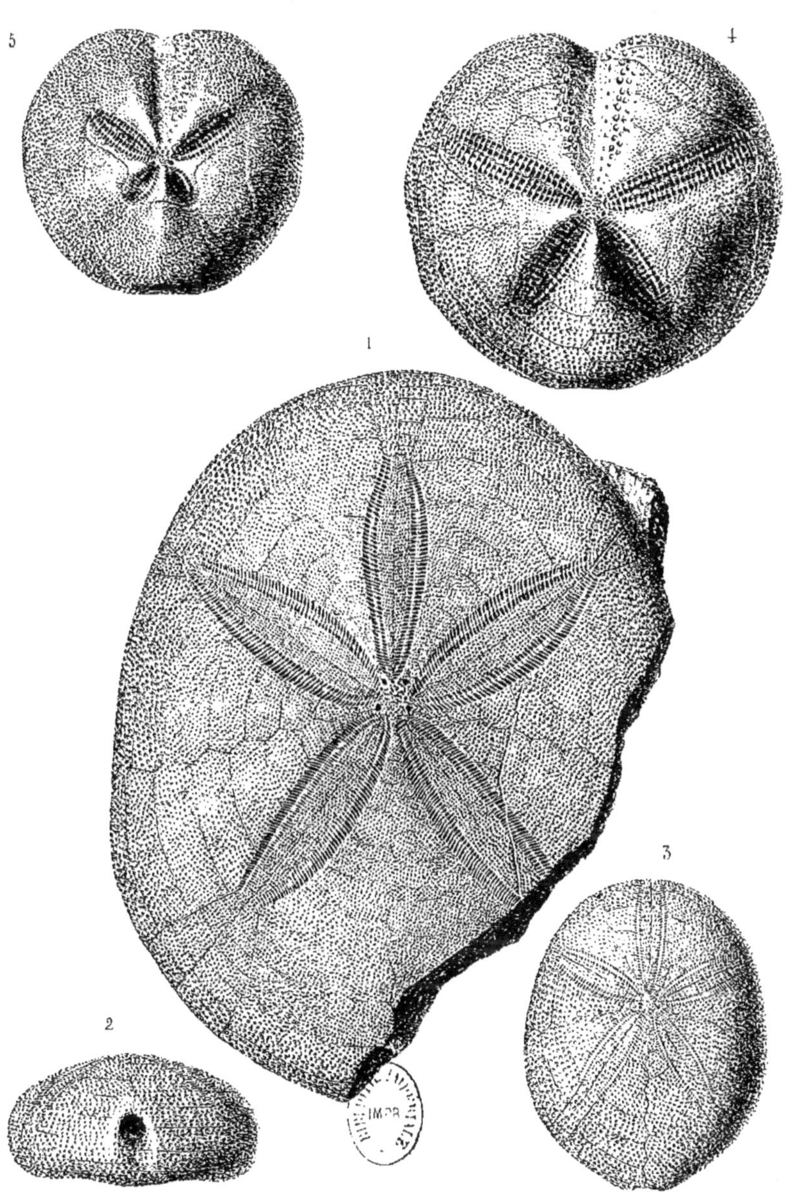

Humbert lith.

Imp Becquet Paris.

1 Echinanthus Pellati , Cotteau.
2_3 E______ Biarritzensis, id.
4 Periaster Heberti , Cotteau.
5 P______ Delbosi , id.

www.ingramcontent.com/pod-product-compliance
Lightning Source LLC
LaVergne TN
LVHW020205030726
842520LV00003B/891